高等院校计算机类规划教材

全国高等院校计算机基础教育研究会立项项目成果

C♯程序设计语言
（第2版）

U0161739

主编　杜松江　　卢东方　　张　佳

北京邮电大学出版社

www.buptpress.com

内 容 简 介

本书的目的在于培养学生 C♯ 语言编程的基本能力,主要内容包括 C♯ 程序设计初步、C♯ 语言基础、C♯ 控制语句、类与类的成员、继承与多态、异常处理、字符串、数组与集合、泛型、委托与事件、文件和流等。

本书注重 C♯ 语言基本语法的讲解,内容深入浅出,通俗易懂,可操作性强。本书的全部代码均可运行,代码可从北京邮电大学出版社网站下载。本书可作为高等院校、高职高专院校计算机等信息类专业和其他相关专业的教材,也可作为广大程序设计爱好者的参考书。

图书在版编目 (CIP) 数据

C♯ 程序设计语言 / 杜松江,卢东方,张佳主编 . - - 2 版 . - - 北京:北京邮电大学出版社,2023.8
ISBN 978-7-5635-6979-3

Ⅰ. ①C… Ⅱ. ①杜… ②卢… ③张… Ⅲ. ①C 语言—程序设计 Ⅳ. ①TP312.8

中国国家版本馆 CIP 数据核字(2023)第 146804 号

策划编辑:马晓仟　　责任编辑:马晓仟　耿　欢　　责任校对:张会良　　封面设计:七星博纳

出版发行:北京邮电大学出版社
社　　　址:北京市海淀区西土城路 10 号
邮政编码:100876
发 行 部:电话:010-62282185　传真:010-62283578
E-mail:publish@bupt.edu.cn
经　　销:各地新华书店
印　　刷:保定市中画美凯印刷有限公司
开　　本:787 mm×1 092 mm　1/16
印　　张:16.75
字　　数:440 千字
版　　次:2011 年 4 月第 1 版　2023 年 8 月第 2 版
印　　次:2023 年 8 月第 1 次印刷

ISBN 978-7-5635-6979-3　　　　　　　　　　　　　　　　　　　定价:45.00 元

前　　言

党的二十大报告提出：必须坚持科技是第一生产力，人才是第一资源，创新是第一动力，深入实施科教兴国战略、人才强国战略、创新驱动发展战略。报告深刻阐明了信息化人才在中国式现代化进程中的重要地位，这也为高校推进计算机学科建设提供了行动指南。

.NET 是微软公司推出的一个非常优秀的平台，近年来已经完全普及。在该平台下，开发人员可以开发出各种安全、可靠的应用程序，包括控制台应用程序、Windows 应用程序、ASP.NET 应用程序、Windows 服务、Web 服务、智能设备应用程序等。.NET 平台支持的语言较多，包括 C#、VB.NET 等。C#语言自 C/C++ 演变而来，它具有简洁、功能强大、类型安全、完全面向对象等优点，这些优点使其成了微软.NET 战略中一个极其重要的组成部分。C#语言通常被作为初学者进入.NET 平台的一种语言，随着.NET 技术的普及，C#语言已成为开发基于.NET 的企业级应用程序的首选语言。本书的目的在于培养学生 C#语言编程的基本能力。

本书通过简明扼要、深入浅出的语言，并结合大量的实例，讲解了 C#语言的相关知识及各种热点技术，主要内容包括 C#程序设计初步、C#语言基础、C#控制语句、类与类的成员、继承与多态、异常处理、字符串、数组与集合、泛型、委托与事件、文件和流等。通过学习本书内容，读者能够比较全面地了解和掌握 C#语言语法的相关知识，从而为进一步学习基于 C#的 Windows 应用程序设计和 Web 应用程序设计奠定坚实的基础。

本书内容由浅入深，循序渐进，实例丰富，可操作性强，可作为高等院校、高职高专院校计算机等信息类专业和其他相关专业的教材，也可作为广大程序设计爱好者的参考书。本书的主要特点如下。

（1）内容全面

本书力求内容完整、重点突出，尤其注重培养学生程序设计的思想和实际应用的能力。

（2）实用性强

本书的理论讲述以实例为主，在阐述 C#语言基本知识的基础上，以控制台应用程序的设计为主,以图书馆管理等相关实例为主线,阐述 C#程序设计的方法与技巧。

（3）可操作性强

本书每章均有一定量的习题,可帮助读者掌握和巩固所学的知识。书中的每个例子均配有完整的代码,便于实践环节的展开。

（4）资源共享

本书提供所有代码源程序和电子教案,读者可到北京邮电大学出版社网站免费下载。

本书第 1、2、3、6、7 章由杜松江编写,第 4、5 章由张佳编写,第 8、9、10、11 章由卢东方编写。全书由杜松江负责统稿。在编写过程中,本书参考了大量权威书籍和资料,同时也融入了编者多年在教学和实际项目开发中积累的大量经验。本书为全国高等院校计算机基础教育研究会项目"基于新工科建设的《C#程序设计语言》课程改革与实践"的成果(项目号:2021-AFCEC-107)。本书在编写过程中得到了荆州学院等各方面的大力支持,在此一并表示感谢。

鉴于编者水平有限,时间仓促,不足与错误之处在所难免,敬请读者指正。

编 者
2023 年 3 月

目　　录

第1章 C♯程序设计初步

.NET 是一种面向网络、支持各种用户终端的开发平台环境。C♯语言是微软公司推出的.NET 平台下的一种语言,它集合了多种语言的特点与优势,是.NET 应用程序开发的首选编程语言。

本章介绍.NET 平台和.NET 框架的概念、面向对象的含义、C♯语言的特点、Visual Studio 2022 开发环境、控制台应用程序的开发步骤以及获取帮助的方法等内容。

1.1 .NET 平台与.NET 框架简介

1.1.1 .NET 平台

2000 年 6 月 22 日,微软公司正式推出 Microsoft.NET。比尔.盖茨在推出.NET 时曾经说过:"未来 5 年,我们的目标就是超越今天各自为营的 Web 站点,把 Internet 建成一个可以互相交换组件的地方。"微软已经感觉到只靠销售软件包没有什么前途,计划今后逐步转向在网络上使用"服务"的这种商务模型。这样,微软首先要提供网络上用来开发并执行所有"服务"的平台,这就是 Microsoft.NET。

目前,随着各种不同终端设备的发展,利用不同语言开发的、基于不同系统平台、相对分散独立的各种信息的交互变得备受关注。.NET 的最终目标就是让用户可以在任何地点、任何时间,通过任何现有的设备来得到自己需要的信息,真正达到网络互连的"3A":Anywhere、Anytime、Anydevice。

在.NET 平台上,用户可以使用多种语言开发应用程序,可以简单地重复使用已有的功能模块或数据,开发的应用程序可以运行在不同的设备和操作系统上。

.NET 平台包括.NET 框架和.NET 开发工具等组成部分。.NET 框架是.NET 开发平台的基础,包括公共语言运行库和.NET 类库。.NET 开发工具包括 Visual Studio.NET 集成开发环境和.NET 编程语言。

1.1.2 .NET 框架

.NET 框架(.NET Framework)是.NET 开发平台的基础。.NET 框架提供了一个跨语言的、统一的、面向对象的开发和运行环境。.NET 框架的目的是便于开发人员建立 Web 应用程序和 Web Service,使得 Internet 上的各个应用程序之间可以使用 Web Service 进行沟通。

.NET 框架的基本结构如图 1-1 所示。在图 1-1 中,操作系统处于整个.NET 框架的最底层。

公共语言运行库(Common Language Run,CLR)是.NET 框架的基础。公共语言运行库为.NET 应用程序提供了一个托管的代码执行环境。它实际上是驻留在内存里的一段代理代码,负责应用程序在整个执行期间的代码管理工作,如内存管理、线程管理、安全管理、即时编译等。

.NET 类库是一个综合性的可重用类型的集合,是使用系统功能及编写.NET 应用程序的基础。.NET 类库通过命名空间对所有类及其内容进行管理。

ADO.NET 是基于.NET 框架的新一代数据访问技术,ADO.NET 的主要目的是使用户在.NET 框架中更容易地创建分布式的数据共享的应用程序。ADO.NET 建立在 XML 的基础之上,它不仅为数据访问提供了许多工具,还为应用程序间的数据交换提供了很好的条件。

Web 应用和 Windows 应用是两种不同的.NET 平台下的应用程序开发模式,即所谓的基于 Windows 的应用程序开发和基于 Web 的应用程序开发。

公共语言规范(Common Language Specification,CLS)是支持.NET 平台下各种语言间可互操作的一组规则。所有.NET 语言都遵循此规则,才能创建与其他语言进行可互操作的应用程序。

图 1-1 .NET 框架的基本结构

1.1.3 编译.NET 程序

.NET 采用特殊的方式编译和执行各种应用程序。编译时,内置的语言编译器首先将应用程序编译为微软中间语言(Microsoft Intermediate Language,MSIL)。MSIL 由.NET 框架中的组件 CLR 管理和执行。在进行第二步编译时,.NET 框架采用了一种名为"即时编译"(Just In Time,JIT)的技术。JIT 将 MSIL 代码转换为可以直接由 CPU 执行的机器代码。整个编译过程如图 1-2 所示。一旦编译成功,在下一次被调用时便无须再次编译。

源程序 ——→ MSIL 独立于CPU ——CLR-JIT——→ 机器代码

图 1-2 .NET 程序编译过程

需要强调的是,.NET 框架支持的各种语言在第一步编译时都要被编译成 MSIL 代码。而 MSIL 代码是不存在语言差别的,它独立于任何一种硬件平台和操作系统。因此,语言之间可以实现相互调用和代码共享,开发人员可以任意选用自己熟悉的.NET 编程语言。

1.2　面向对象的理解

面向对象(Object Oriented,OO)是一种应用程序设计和开发的思想,已经成为软件开发方法的主流。面向对象的概念和应用已超越程序设计和软件开发,扩展到了很宽的范围,如数据库系统、交互式界面等领域。

起初,面向对象专指在程序设计中采用抽象、封装、继承、多态等设计方法。而现在,面向对象的思想已经涉及软件开发的各个方面,如面向对象的分析(Object Oriented Analysis,OOA)、面向对象的设计(Object Oriented Design,OOD)以及我们经常说的面向对象的编程(Object Oriented Programming,OOP)。使用面向对象进行应用程序开发能够非常好地将现实中的物体进行抽象,这样在一定程度上丰富了应用程序的结构。

1.2.1　传统的面向过程

在面向对象编程出现之前,面向过程(结构化编程)的编程方式一直占据主流的位置。所谓面向过程编程,就是分析出解决问题所需要的所有步骤,然后用函数或过程一步一步地实现和调用这些步骤。面向过程讲究的是自顶向下、逐步细化的编程思想。Fortran、C 等都是面向过程的语言。

比如,求两个整数的和,面向过程的一段 C 语言代码如下所示:

```
void main()
{
    int s = 0;              //定义一个整型变量s,用来存放求和结果
    InputElem(x,y);         //调用 InputElem 方法,由用户输入 2 个整型值
    s = Sum(x,y);           //调用 Sum 方法,计算和之后将返回值赋值给 s
    printSum(s);            //调用 printSum 方法,输出计算结果
}
```

从上述代码中可以看出,当执行主函数 main 时,按照程序逻辑调用不同的函数,可达到运算的目的。在面向大型软件的开发时,用结构化方法开发的软件,其稳定性、可修改性和可重用性都比较差,这是因为结构化方法的本质是功能分解。具体而言,面向过程编程存在如下问题。

(1) 对数据的安全性保护不够

在面向过程编程中,数据与操作数据的函数是分开的。把数据和代码作为分离的实体,反映了计算机的观点,因为在计算机内部,数据和程序是分开存放的。但有时数据是全局的,这就意味着对数据的访问和操作是不能控制和预测的,例如,多个函数或语句访问相同的全局数据,可以想象这种方式编制出来的软件的潜在危险性有多大。使数据和操作保持一致,是程序员的一个沉重的负担,在多人分工合作开发一个大型软件系统的过程中,如果负责设计数据结构的人中途改变了某个数据的结构而又没有及时通知所有人员,则会发生许多不该发生的错误。

(2) 可维护性差

结构化方法是围绕实现处理功能的"过程"来构造系统的。然而,用户需求的变化大部分是针对功能的,因此,这种变化对于基于过程的设计来说是灾难性的。用这种方法设计出来的

系统结构常常是不稳定的，用户需求的变化往往会造成系统结构较大的变化，而实现这种变化往往需要付出很大的代价。

（3）可重用性差

在面向过程编程中，软件代码的重用性很差，即使重用，也只是简单的复制和拷贝，而不能直接继承和应用，从而导致代码数量急剧增加。

1.2.2　什么是面向对象

面向对象把程序中各个功能模块按照分类进行归纳和整理，然后将整理结果制作成一个"类"。面向对象技术是一种以对象为基础，以事件或消息来驱动对象执行程序处理的编程技术，具有抽象、封装、继承及多态等特性。面向对象程序设计方法认为，客观世界是由各种各样的实体组成的，这些实体就是面向对象方法中的对象。Visual Basic、C++和C♯等都是面向对象的语言。

与面向过程相比，面向对象具有以下优点。

（1）与人类习惯的思维方式一致

面向对象的开发方法与传统的面向过程的方法有着本质的不同，这种方法的基本原理是，使用现实世界的概念抽象地思考问题，从而自然地解决问题。它强调模拟现实世界中的概念而不强调算法，它鼓励开发者在软件开发的绝大部分过程中使用应用领域的概念去思考。在面向对象的开发方法中，计算机的观点是不重要的，现实世界的模型才是最重要的。面向对象的软件开发过程自始至终都围绕着建立问题领域的对象模型来进行：对问题领域进行自然的分解，确定需要使用的对象和类，建立适当的类等级，在对象之间传递消息，实现必要的联系，从而按照人们习惯的思维方式建立问题领域的模型，模拟客观世界。

比如，在图书馆管理系统中，我们可以从现实世界中得到图书、读者、图书馆管理员等实体，这些实体就是我们需要在图书馆管理系统中构造的对象。这个系统的运行过程就是这些对象进行交互的过程。

（2）数据和行为分离

面向对象的软件技术以对象为核心。对象是对现实世界实体的正确抽象，它是由描述对象内部状态的数据，以及可以对这些数据施加的操作（行为），封装在一起所构成的统一体。对象内部状态的数据具有不同的访问权限，有些数据是能够公开访问的，而有些数据则是限制访问的，这样能够确保数据的正确性和安全性。

（3）稳定性好

因为面向对象的软件系统的结构是根据问题领域的模型建立起来的，而不是基于对系统应完成的功能的分解，所以，系统的功能需求的变化，并不会引起软件结构的整体变化，往往仅需要做一些局部性的修改。由于现实世界中的实体是相对稳定的，因此，以对象为中心的软件系统也是比较稳定的。

（4）可重用性好

重用是提高编程效率的一个重要方法。面向对象的软件技术在利用可重用的软件成分构造新的软件系统时，体现出较大的灵活性。面向对象的软件技术所实现的可重用性是自然和准确的。在软件重用技术中，面向对象和软件技术是最成功的一个。

（5）可维护性好

由于面向对象的软件技术符合人们的思维习惯，因此，用这种方法所建立的软件系统容易被维护人员理解。每个对象都有自己明确的职责,软件的哪个地方出现了问题,只需修改相应对象的代码,而不用担心"牵一发而动全身",这样提高了软件的可维护性。此外,一个设计良好的面向对象系统是易于扩充和修改的,因此,它能够适应不断增加的新需求。以上这些都是从长远角度考虑的衡量软件质量好坏的指标。

1.2.3　类和对象

面向对象程序设计从所处理的数据入手,并以数据为中心,把现实世界的问题抽象为"类"的概念。类是现实世界中一系列具有相同性质的事物的总称,是对具有共同数据和行为的一类事物的抽象描述。其中,共同数据被描述为类中的数据成员,共同行为被描述为类中的方法成员。例如,读者(Reader)是对各种读者(如老师读者、学生读者等)的一个抽象,读者的证件号、姓名、年龄等都是读者类的数据成员,而借书和还书等都是读者类的方法成员。

面向对象的程序设计方法最基本的思想就是把所有要进行研究的事物都称为对象。一切皆是对象,任何物理实体、抽象的规则、计划或者事件都可以是对象。例如,一个人、一本书、一张椅子,乃至一首歌曲、一个构想,都可以作为一个对象。对象是类的一个实例。实例化的对象具有唯一性,用以区别同类的其他对象。例如,读者是一个类,具体到某一个读者(如 Tony 同学)就是一个对象,并且是唯一的。

1.2.4　面向对象的三大特性

1. 封装

封装是指把数据和对数据的操作封藏在一个有机整体中,即把字段、属性以及方法、事件等一起封藏在一个公共结构中,创建一种被称为类或结构的新"数据类型"。

在面向对象程序设计中,把数据和对数据的操作封装后,就可以为其指定属性和方法来供用户使用了。对于外部使用者而言,他们无须知道对象内部的具体实现细节,而只需要关心如何使用该对象,这样可保证私密的内容不被用户察觉,不被外界随意改变,也可使对象成为相对独立的功能模块。避免数据被程序直接访问的做法被称为"数据隐藏"。

例如,一部手机由屏幕、内部线路、电池等部分组成。在整个"手机"对象里面,手机内部线路对一般的用户是不可见的,这是因为这些用户不知道怎样拆装内部线路,也不需要去了解工作原理,但是他们知道怎样打开手机,怎样拨打电话。封装能够让用户更加关注"手机"本身的使用,而不去关注"手机"内部是怎样实现的。

2. 继承

继承是可以让某个类型对象获得另一个类型对象的共有特性的一种手段,是类的层次结构之间共享数据和方法的一种机制。继承可以描述为一种树状的层次关系。例如,本科生和专科生都属于大学生,而大学生又属于学生。就如图 1-3 所描绘的那样,这种分类的原则是,每一个子类都具有父类的公共特性。子类在继承父类的成员的同时,也可以定义属于自己的成员内容。

在面向对象中,继承的概念很好地支持了代码的重用性,也就是说,通过继承生成的新类具有原来那个类的特性,以及它本身的一些新特性。

3. 多态

方法在被不同对象调用的时候会得到不同的结果,这个就是类的多态。利用多态,我们可以在具有继承关系的多个类中定义名称相同但操作不同的多个方法。在程序运行时，我们要根据对象的实际类型调用相应的方法。例如，所有动物都具有"吃"这个方法，但是在动物的子类中，不同的动物在"吃"的时候，却有各自不同的"吃法"，即不同的实现方法。多态可使程序具有良好的可扩充性。

图 1-3 "学生类"继承示例图

1.3 C♯语言的特点

.NET 平台支持多种语言，如 C♯（读作"C Sharp"）、VB. NET、VC＋＋. NET 等。微软公司对 C♯语言的定义是：C♯语言是一种类型安全的、现代的、简单的，由 C 和 C++衍生而来的面向对象的编程语言，它牢牢根植于 C 和 C++语言之上，并可立即被 C 和 C++的使用者所熟悉。C♯语言的目的就是综合 Visual Basic 的高生产率和 C++的行动力。C♯语言主要具有以下特点。

（1）C♯语言拥有 C/C++强大的功能以及 Visual Basic 简易使用的特性，而且它看起来与 Java 有着惊人的相似之处。因为 C♯语言集众家之长，所以它不仅具有类型安全的特点，还非常易于掌握和使用。

（2）C♯语言不仅有实时的编译器，还含有比一般语言更丰富的数据类型。无论是输出格式，还是网络 I/O，C♯语言都有一整套标准的类和数据类型。

（3）C♯语言可以提供脚本语言所无法提供的强大功能，使用 C♯编写 ASP. NET 应用程序将成为 Web 开发者的最佳选择。

（4）C♯语言包含的内置特性可使任何组件轻松转化为 XML 网络服务，通过 Internet 被任何操作系统上运行的任何程序调用。

（5）C♯语言能够消除很多常见的 C++编程错误，如变量由环境自动初始化、变量的类型安全等。

除了这些特点，C♯语言也支持. NET 平台本身所具有的垃圾回收、语言自由、跨平台等特性。

1.4 Visual Studio 2022

Visual Studio 是一个非常优秀的集成开发环境（Integrated Development Environment，IDE)，是一套用来开发、调试、部署各种应用程序的产品的开发环境。它可用于构建适用于

Windows、Mac、Linux、iOS 和 Android 的跨平台应用程序。除了大多数 IDE 都提供的标准编辑器和调试器之外，Visual Studio 还包括代码补全工具、图形设计器以及许多其他功能。

Visual Studio 2022 是 Visual Studio 的新版本，2021 年 6 月，微软发布了 Visual Studio 2022 的首个预览版。2021 年 11 月，微软发布了 Visual Studio 2022 正式版。Visual Studio 2022 正式版升级为 64 位的应用程序，支持 AI 辅助编程。

Visual Studio 2022 开发环境相比以往版本，新增了如下亮点：

- 核心调试器的性能得以改进；
- UI 与图标更新；
- 为.NET 6 提供了支持，Windows 和 Mac 开发人员都可以使用它来构建 Web、客户端和移动应用程序，并为开发 Azure 应用程序提供了更好的支持；
- 支持热更新预览，无须重启项目即可查看更改；
- 具有更强大的代码预测能力；
- 不仅为 C++ 工作负载提供了强大支持，还集成了对 CMake、Linux 和 WSL 的支持，使用户更容易创建、编辑、构建和调试跨平台应用程序；
- 将文本聊天集成到 Live Share 协作功能中；
- 支持 Git 和 GitHub；
- 改进了代码搜索功能；
- Visual Studio for Mac 迁移至原生 macOS UI，拥有更好的性能和更高的可靠性。

1.4.1　安装 Visual Studio 2022

安装 Visual Studio 2022 之前，首先要注意计算机的各种配置要求。

（1）支持的操作系统

- Windows 10 版本 1909 或更高版本。
- Windows Server 2019。
- Windows Server 2016。

（2）硬件要求

- 处理器：1.8 GHz 或更快的 64 位处理器；建议使用 4 核或更好的处理器；不支持 ARM 处理器。
- 内存：最低 4 GB RAM。
- 硬盘：850 MB～210 GB 可用空间，具体取决于安装的功能；典型安装需要 20～50 GB 的可用空间。
- 视频卡：支持的最小显示分辨率为 720p（1280×720）；Visual Studio 最适宜的分辨率为 WXGA（1366×768）或更高。

Visual Studio 2022 的安装文件可以在微软的官方网站上下载。Visual Studio 2022 分为 3 个版本，其中，Community 版（社区版）为免费版本，Professional 版（专业版）和 Enterprise 版（企业版）为付费版本。下面以在 Windows 10 家庭中文版系统中安装 Visual Studio 2022 社区版为例，介绍整个安装的过程。

进入微软官方网站，找到 Visual Studio 下载页面，选择下载 Community 2022 版本。双击下载的引导程序 VisualStudioSetup. exe 开始安装，在出现的对话框中单击"继续"按钮，等待下载 Visual Studio 安装程序，如图 1-4 所示。下载完成后，在如图 1-5 所示的界面中，选择所需的工作负荷或组件来完成该程序的自定义安装。例如，我们可以选择图 1-5 中的"ASP. NET 和 Web 开发"工作负荷来开发 ASP. NET 程序，选择". NET 桌面开发"工作负荷来开发控制台及 Windows 窗体应用程序。用户可以只选择所需的工作负荷，以节省安装时间和磁盘空间。安装之后，用户可以根据需要随时新增最初未安装的内容。

图 1-4　启动下载 Visual Studio 安装程序

图 1-5　Visual Studio Community 2022 安装向导

用户可以通过从"单个组件"选项卡中安装或添加各个组件，从"语言包"选项卡中选择安装程序的语言。用户还可以从"安装位置"选项卡中设置 Visual Studio IDE、下载缓存等内容的安装路径，如图 1-6 所示。需要注意的是，缓存文件与安装文件不能放在一起。

完成上述配置后，选择图 1-6 右下角的"安装"，接下来，会出现多个显示 Visual Studio 安装进度的状态屏幕，直到安装结束。

图 1-6 "安装位置"选项卡

1.4.2 启动 Visual Studio 2022

Visual Studio 安装完成后,打开 Visual Studio Installer 对话框,如图 1-7 所示,选择"启动"按钮,就可以启动并开始使用 Visual Studio 2022 了。另外,用户也可以通过 Windows"开始"菜单,或者 Visual Studio 2022 工作界面中的"工具"→"获取工具和功能"菜单,打开 Visual Studio Installer。在如图 1-7 所示的对话框中,用户可以修改、修复或卸载 Visual Studio 2022,也可以进行其他配置操作。

图 1-7 Visual Studio 2022 启动界面

启动 Visual Studio 2022 后，会弹出 Visual Studio 登录界面，如图 1-8 所示，用户可以创建新账户或使用已有账户登录，也可以暂时跳过登录。

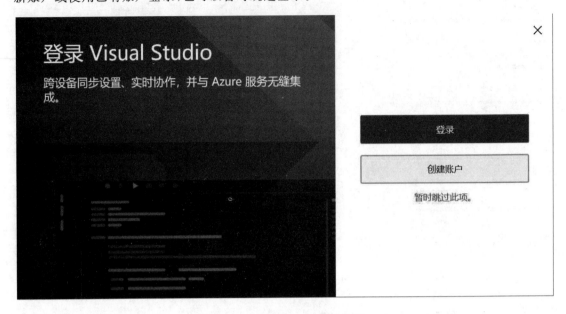

图 1-8　Visual Studio 登录界面

在如图 1-9 所示的个性化设置界面中，用户可以根据个人喜好对开发环境和颜色方案进行设置。

图 1-9　个性化设置界面

1.4.3　Visual Studio 项目类型

1. Visual Studio 起始页

启动 Visual Studio 2022 后，会出现如图 1-10 所示的 Visual Studio 2022 起始页，用户需要选择如何打开或创建项目及其他内容。

图 1-10　Visual Studio 2022 起始页

　　对于已经存在的内容,用户可以选择相应的方式打开,例如,打开本地 Visual Studio 项目。如果要编写新的程序,则需要选择"创建新项目"。

2. 新建项目

　　"创建新项目"对话框列举了 Visual Studio 所支持的各种项目模板及其分类。如图 1-11 所示,用户可以根据开发的需要选择不同的项目类型、开发语言及项目模板。

图 1-11　"创建新项目"对话框

在"搜索模板"列表框中，输入要创建的应用程序类型，查看可用模板列表。用户可以使用"所有语言"下拉列表筛选特定编程语言，也可以使用"所有平台"列表和"所有项目类型"列表进行筛选。

在 Visual Studio 开发环境下，可以开发多种不同类型的应用程序。最常见的有以下几种。

- 控制台应用程序：这类应用程序是运行在 DOS 窗口上的纯文本应用程序。控制台应用程序以流的方式输入和输出数据，一般用于创建 Windows 命令行应用程序。
- Windows 窗体应用程序：这类应用程序就像 Windows 系统中的记事本和计算器，具有 Windows 的外观和操作方式。使用.NET 框架的 Windows Forms 模块就可以生成这种应用程序。此类应用程序可以根据用户的操作进行不同的处理，操作主要体现为鼠标的单击和键盘的输入。这种类型的应用程序一般需要用户在本机安装和部署，用户进行的是本机的操作。如果同时配有服务器端的程序，则称为客户端/服务器(C/S)程序。
- ASP.NET(Active Server Pages.NET)Web 应用程序：在.NET 平台下做 Web 页面、建网站，用户可以通过大部分 Web 浏览器查看该程序的运行结果。.NET 框架包括一个动态生成 Web 内容的强大系统。ASP.NET 网站完全部署在服务器端，用户只需一个标准的浏览器即可使用，因此被称为浏览器/服务器(B/S)程序。

在以后的章节中，主要介绍 C♯语言的语法知识，因此将采用控制台应用程序作为示例。

1.5　应用程序开发

1.5.1　创建控制台应用程序

创建一个基于.NET 框架的控制台应用程序，主要包含以下步骤。

(1) 在新建项目时，依次选择"C♯""Windows""控制台"，或直接在模板列表中选择"控制台应用(.NET Framework)"，如图 1-12 所示，单击"下一步"按钮。

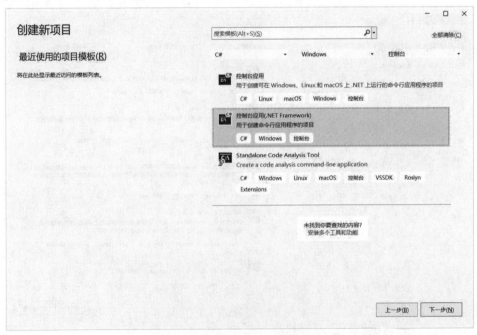

图 1-12　新建控制台应用程序项目

（2）在打开的"配置新项目"对话框中，依次输入项目的名称、位置及解决方案名称，如图 1-13 所示，单击"创建"按钮。

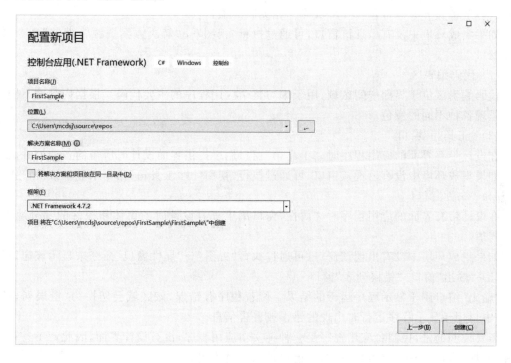

图 1-13 "配置新项目"对话框

1.5.2 Visual Studio 2022 工作界面

新建控制台应用程序后，显示 Visual Studio 2022 工作界面，如图 1-14 所示，该界面主要包含 5 个部分。

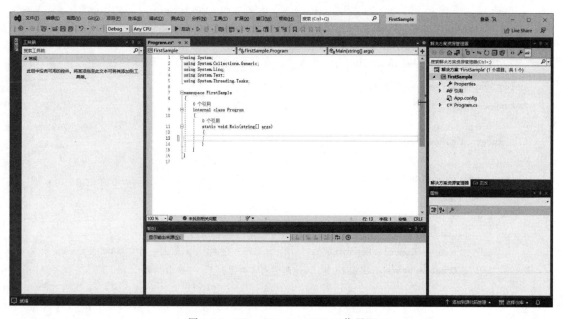

图 1-14 Visual Studio 2022 工作界面

（1）"解决方案资源管理器"窗口

"解决方案资源管理器"就是一个容器，用来存放创建应用程序的项目文件和解决方案的内容。一个解决方案通常包含一个或几个相关联的项目。

如果集成环境中没有出现该窗口，可通过执行"视图"→"解决方案资源管理器"命令来显示该窗口。

（2）代码编辑区

代码编辑区位于界面中间区域，用于编写整个应用程序的主要代码。根据内容的不同，代码会呈现各种不同的颜色。

（3）"工具箱"窗口

在设计带有界面的应用程序时，"工具箱"窗口用于提供界面设计时所需的各种控件。

如果集成环境中没有出现该窗口，可通过执行"视图"→"工具箱"命令来显示该窗口。

（4）"属性"窗口

在设计带有界面的应用程序时，"属性"窗口用于查看设计时的窗体和控件的部分属性选项及其值。

如果集成环境中没有出现该窗口，可通过执行"视图"→"属性窗口"命令来显示该窗口。

（5）"输出"窗口/"错误列表"窗口

"输出"窗口用于显示程序运行的结果。倘若程序有错误，该区域会切换为"错误列表"窗口，该窗口用于显示程序运行时出现的错误或警告信息。

需要说明的是，控制台应用程序是一种纯文本应用程序，没有设计界面，因此，"工具箱"窗口和"属性"窗口没有实质内容，这两个窗口可以暂时关闭。

1.5.3 编写控制台应用程序

在"解决方案资源管理器"窗口中双击"Program.cs"，就可以在打开的文件中编写控制台应用程序代码了。例 1-1 是一个控制台应用程序的全部代码。

【例 1-1】 控制台应用程序举例。

```csharp
using System;
using System.Collections.Generic;
using System.Linq;
using System.Text;
using System.Threading.Tasks;
namespace FirstSample
{
    internal class Program
    {
        static void Main(string[] args)
        {
            string name;
            Console.Write("请输入姓名:");                    //屏幕提示
            name = Console.ReadLine();                      /* 输入一行文本,赋值给 name 变量 */
            Console.WriteLine(name + ",一起学习 C# 吧!");//输出结果
        }
    }
}
```

　　编写完代码后,建议先保存项目,之后选择"调试"→"开始执行(不调试)"菜单命令,编译并运行该程序。上述程序的运行结果如图1-15所示,根据要求输入数据,单击回车键后便可得到最终结果。例如,输入"马晓宇"后单击回车键,就会输出一行文字:"马晓宇,一起学习C♯吧!"。

图1-15　例1-1的运行结果

1.5.4　C♯程序的基本构成

　　C♯程序由一个或多个文件组成,每个文件均包含零个或多个命名空间,每个命名空间包含类、结构、枚举、接口、委托等类型或其他命名空间。在所有代码中,有且仅有一个Main函数(主函数)作为程序的入口点。下面以例1-1为例,介绍C♯程序的各个组成部分。

1. using

　　using关键字的功能是用于导入其他命名空间中定义的类型,包括.NET类库。例如,代码中使用的Console.ReadLine方法实际上是一个简写形式,其完整形式是System.Console.ReadLine,但由于在代码的开头部分使用using指令引入了System命名空间,所以后面就可以直接使用Console.ReadLine来进行输入。

2. namespace

　　namespace即"命名空间",也称"名称空间"。命名空间是Visual Studio .NET中各种语言使用的一种代码组织的形式。当新建一个项目时,系统会把项目名称作为名字,生成一个namespace,并把项目中的类都放在这个namespace里面。

3. class

　　class是用于定义类的关键字。C♯语言是一种完全面向对象的语言,每一个C♯程序中至少应包括一个自定义类,如例1-1中的Program类。class关键字后面紧跟类名,类名后的左大括号"{"表示类定义的开始,右大括号"}"表示类定义的结束。C♯中的括号必须成对出现,否则会产生编译错误。大括号中定义的是类的成员,包括字段、属性、方法等。

4. Main方法

　　C♯创建的可执行程序中必须包含一个Main方法。该方法是程序的入口点,即程序执行时依次执行Main方法中的代码。

5. 代码注释

　　代码注释的作用是提高程序的可读性,使得程序更便于阅读,并且能被其他程序开发人员所理解,便于协作开发。

　　单行注释以"//"开始,例如:

//输入一行文字,赋值给name变量

　　多行注释以"/＊"开始,以"＊/"结束,例如:

```
/*输入一行文字,
赋值给 name 变量*/
```

1.5.5　控制台输入输出

1. Console. WriteLine 方法

Console. WriteLine 方法可将内容输出到控制台中。Console. WriteLine 方法后面的括号中包含了输出的内容,这部分输出的内容被称为参数。在例 1-1 的 Console. WriteLine 方法中,参数是一个变量加上一个字符串,该参数的内容是:name+",一起学习 C♯吧!",因此输出的是类似于"马晓宇,一起学习 C♯吧!"这样的结果。

2. Console. Write 方法

Console. Write 方法的应用同 Console. WriteLine 方法类似,不同的是,Console. WriteLine 输出后会自动换行,而 Console. Write 输出后不换行。

3. Console. ReadLine 方法

Console. ReadLine 方法的功能是从控制台输入一行内容。程序执行到该语句时,光标会停留在控制台中,等待用户的输入。用户输入某行内容后单击回车键,程序将继续执行。

1.6　获 取 帮 助

对于初学者来说,Visual Studio 2022 开发环境及 C♯语言的内容非常复杂。如何有效地获取帮助,是学习.NET 平台下各种程序开发的关键。下面介绍几种获取帮助的常见方法。

1. 庞大的"MSDN"

MSDN 的全称是 Microsoft Developer Network。这是微软公司面向软件开发者的一种信息服务。MSDN 实际上是一个以 Visual Studio 和 Windows 平台为核心整合的开发虚拟社区,包括技术文档、在线电子教程、网络虚拟实验室、微软产品下载、Blog、BBS、MSDN WebCast、与 CMP 合作的 MSDN 杂志等一系列服务。真正意义上的 MSDN 指的是 MSDN 订阅(MSDN Subscription)。这是一种付费订阅服务。

2. 快捷的"智能感知"

在 Visual Studio .NET 软件中,所有的类及其成员都支持"智能感知"。在编程时,只要输入对象或成员的名称,写上".",系统就会自动列举其所有成员或参数格式。用户也可以通过"Ctrl+J"快捷键自动列出。

3. 清晰的"对象浏览器"

"对象浏览器"以图标的形式来标识分层结构,如.NET 框架、COM 组件、命名空间、类型库、接口、枚举和类等。用户可以展开这些结构,以显示其成员的排序列表。如图 1-16 所示,"成员"窗格中列出了属性、方法、事件、变量、常量和其他项。有关"对象"或"成员"窗格中选定项的详细信息显示在右下角的"说明"窗格中。

用户可以从"视图"菜单中打开"对象浏览器",也可以单击工具栏上的"对象浏览器"按钮或者通过"Ctrl+Alt+J"快捷键来打开"对象浏览器"。

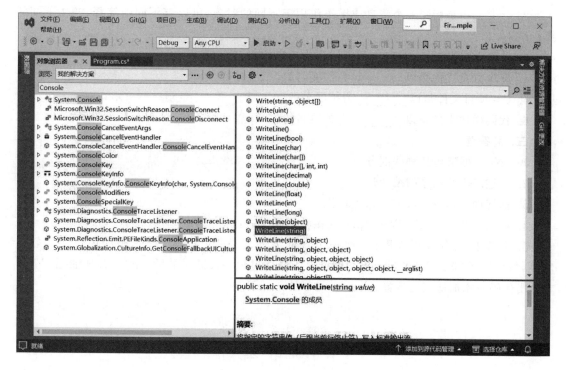

图 1-16 对象浏览器

习 题 1

一、选择题

1..NET 平台包括( )和.NET 开发工具等组成部分。

A. 公共语言运行库 B. Visual Studio C. .NET 框架 D. MSIL

2..NET 编译时,内置的语言编译器会将应用程序编译为( )。

A. CTS B. CLS C. JIT 编译器 D. MSIL

3. C♯语言是一种面向( )的语言。

A. 机器 B. 过程 C. 对象 D. 事物

4. 在.NET 框架中,CLS 是指( )。

A. 即时编译 B. 垃圾回收 C. 公共语言规范 D. 公共类型系统

5. 以下关于类和对象说法正确的是( )。

A. 类的实例被称为对象

B. 对象可以被继承

C. 类可以归纳为对象

D. 在对象的基础上,将状态和行为实体化为类的过程称为实例化

6. 以下不是面向对象编程的特征的是( )。

A. 继承 B. 多态 C. 封装 D. 统一接口

二、填空题

1. 在.Net 托管代码中,我们不用担心内存漏洞,这是因为有了_____回收机制。

2.＿＿＿＿＿＿是指同一个消息或操作作用于不同的对象，可以有不同的解释，产生不同的执行结果。

3. C♯规定命名为＿＿＿＿＿＿的方法作为程序的入口。

4. 解决方案文件是以＿＿＿＿＿＿为扩展名的。

5. C♯项目文件是以＿＿＿＿＿＿为扩展名的。

6. 代码模块文件是以＿＿＿＿＿＿为扩展名的。

三、简答题

1. .NET 框架包括哪些部分？

2. 简述.NET 程序的编译过程。

3. 简述面向过程与面向对象的区别。

4. 如何查找 Console.WriteLine 的多种不同写法？

5. 开发控制台应用程序，实现一个欢迎界面的功能。首先，程序提示用户输入姓名 XXX，然后显示"欢迎 XXX 进入 C♯的世界"，最后显示一段鼓励的话，如"一起加油吧！"。要求给出代码并添加适当的注释。

第2章 C♯语言基础

要编写复杂的C♯程序,就会用到各种不同类型的数据、常量、变量,以及由这些数据和运算符组成的各种表达式,这些都是C♯语言的基础。

本章主要介绍C♯语言中的标识符、关键字、编码规则与约定、值类型、引用类型、常量、变量、运算符与表达式以及数据类型的转换等。

2.1 标识符、关键字、编码规则与约定

标识符、关键字、编码规则与约定是C♯语言中的重要词法基础,也是写好C♯程序、提高程序可读性的关键。

2.1.1 标识符

标识符是指用户在程序设计中给特定内容所取的名字。需要用到标识符的有变量、类、成员、对象、命名空间等。标识符的命名规则如下。

(1)只能由大小写字母、数字、下划线(_)和@字符组合而成。

(2)必须以字母或下划线开始。允许在标识符上使用@前缀,来声明与C♯关键字匹配的标识符,如@class、@bool等,但是建议不要这样做。

(3)不能与关键字相同。

2.1.2 关键字

关键字是指编译系统预定义的一些保留标识符。每个关键字都被编译系统赋予了特定的含义,具有特殊的功能。因此,在编程时,关键字不能在程序中用作标识符,除非它们有一个@前缀。例如,@if是有效的标识符,但 if 不是,因为 if 是关键字。

在C♯中,有些关键字在代码的上下文中具有特殊的意义,如 get 和 set,这些被称为上下文关键字。上下文关键字仅在一部分程序上下文中有特殊含义,可以在相应上下文范围之外用作标识符。

表 2-1 列出了C♯程序任意部分中的保留关键字。表 2-2 列出了C♯中的上下文关键字。

表 2-1　C♯程序任意部分中的保留关键字

abstract	event	new	struct
as	explicit	null	switch
base	extern	object	this
bool	false	operator	throw
break	finally	out	true

byte	fixed	override	try
case	float	params	typeof
catch	for	private	uint
char	foreach	protected	ulong
checked	goto	public	unchecked
class	if	readonly	unsafe
const	implicit	ref	ushort
continue	in	return	using
decimal	int	sbyte	virtual
default	interface	sealed	volatile
delegate	internal	short	void
do	is	sizeof	while
double	lock	stackalloc	
else	long	static	
enum	namespace	string	

表 2-2 C♯中的上下文关键字

add	equals	nint	select
and	from	not	set
alias	get	notnull	unmanaged
ascending	global	nuint	value
args	group	on	var
async	init	or	when
await	into	orderby	where
by	join	partial	with
descending	let	record	yield
dynamic	nameof	remove	

关于部分常用关键字的含义和用法，将在后面的有关章节中具体介绍。

2.1.3 编码规则与约定

为了提高程序编写的质量，让程序更加易懂、易读，从一开始就必须养成一个良好的编码习惯。因此，遵守 C♯ 语言的编码规则与约定，有利于代码的编写、理解和维护。

1. 编码规则

（1）定义标识符的时候，C♯语言区分字母大小写。字母一般采用 ASCII 字符集中的字符。

（2）每条语句以分号作为结束标志。

（3）单行注释以"//"开头，多行注释一般以"/＊"开头，以"＊/"结束。

（4）标识符一般采用 Pascal 和 Camel 两种命名规则。Pascal 命名规则表明所有英文单词的首字母大写，其他字母小写。例如：MyWorker。Camel 命名规则表明所有的英文单词除了第一个单词的首字母小写之外，其他首字母一律大写。例如：myBookName。

在 C#中,所有命名空间名称、类名、方法名、属性名、事件名、自定义委托、结构体、自定义枚举等都应该采用 Pascal 命名风格,而方法的参数名、私有的成员变量名或字段名都应该采用 Camel 命名风格。

2.约定

(1)定义标识符的时候,尽量要做到"见名知义",以提高程序的可读性。

(2)注释有助于程序的维护和调试,因此要养成添加注释的习惯。注释要放在单独的行上,而非代码行的末尾。

(3)大括号采用的是 Allman 风格,单独占一行。

2.2　值类型与引用类型

根据数据存储方式的不同,C♯类型体系将所有数据类型分为值类型和引用类型两个基本类别。

1.值类型

对于值类型的数据,系统会将该数据的值直接存放在内存中。基于值类型的变量直接包含值,并且将该值存储在栈(Stack)中。将一个值类型变量赋给另一个值类型变量时,将直接复制包含的值。

值类型的典型例子包括整型数、实型数、枚举、结构等。

2.引用类型

基于引用类型的实例(又称对象)存储在堆(Heap)中。堆实际上是计算机系统中的空闲内存。引用类型变量的值存储在栈中,但存储的不是引用类型对象,而是存储引用类型对象的引用,即地址。和指针所代表的地址不同,引用所代表的地址不能运算,只能引用指定类的对象。引用类型变量的赋值只复制对对象的引用,而不复制对象本身。

引用类型的典型例子包括类、数组、字符串、接口等。

表 2-3 列出了值类型与引用类型的分类。

表 2-3　值类型与引用类型的分类

类别		说明
值类型	简单类型	有符号整型:sbyte,short,int,long,nint
		无符号整型:byte,ushort,uint,ulong,nuint
		字符:char
		浮点型:float,double
		高精度小数:decimal
		布尔型:bool
	枚举类型	enum E{…}形式的用户定义的类型
	结构类型	struct S{…}形式的用户定义的类型
引用类型	类	所有其他类型的最终基类:Object
		class C{…}形式的用户定义的类型
	接口	interface I{…}形式的用户定义的类型
	字符串	string
	数组	一维和多维数组,如 int[]和 int[,]
	委托	delegate T D(…)形式的用户定义的类型

【例 2-1】 值类型与引用类型举例。

```
//2-1.cs
//定义类 TestClass
class TestClass
{
    public int num = 123;
}
//启动类
class _2_1
{
    static void Main(string[] args)
    {
        int i1 = 12;              //值类型变量 i1,其值 12 存储在栈中
        int i2 = i1;             //将 i1 的值复制给 i2,i2 为 12,i1 不变
        i2 = 34;                 //i2 为 34,i1 不变
        Console.WriteLine("i1 = {0},i2 = {1}", i1, i2);
        TestClass t1 = new TestClass();
        //引用类型变量 t1 在栈中存储 TestClass 类对象的引用
        TestClass t2 = t1;
        //将 t1 的引用传递给 t2,t1 和 t2 指向同一个 TestClass 类对象
        t2.num = 456;            //等价于 t1.num = 456
        Console.WriteLine("t1.num = {0},t2.num = {1} ",t1.num, t2.num);
    }
}
```

例 2-1 的运行结果如图 2-1 所示。

图 2-1   例 2-1 的运行结果

2.3   值类型的分类

C＃语言中,值类型可以分为简单类型、枚举类型和结构类型 3 种。

2.3.1   简单类型

简单类型包括整数类型、浮点类型、布尔类型和字符类型。C＃语言中的简单类型和 C 语言中数据类型的使用方法基本一致。C＃语言中的简单类型如表 2-4 所示。

表 2-4　C♯语言中的简单类型

. NET Framework 类型	关键字	字节数	取值范围
有符号字节型	sbyte	1	−128～127
无符号字节型	byte	1	0～255
字符型	char	2	U+0000 到 U+ffff
有符号短整型	short	2	−32 768～32 767
无符号短整型	ushort	2	0～65 535
有符号整型	int	4	−2 147 483 648～2 147 483 647
无符号整型	uint	4	0～4 294 967 295
有符号长整型	long	8	−9 223 372 036 854 775 808～9 223 372 036 854 775 807
无符号长整型	ulong	8	0～18 446 744 073 709 551 615
本机大小的有符号整型	nint	4 或 8	取决于(在运行时计算的)平台
本机大小的无符号整型	nuint	4 或 8	取决于(在运行时计算的)平台
单精度浮点型	float	4	$\pm1.5e^{-45}$～$\pm3.4e^{38}$
双精度浮点型	double	8	$\pm5.0e^{-324}$～$\pm1.7e^{308}$
十进制小数	decimal	8	$\pm1.0\times10^{-28}$～$\pm7.9\times10^{28}$
布尔类型	bool	1	true 和 false

需要特别说明的是,表 2-4 中的 nint 和 nuint 类型是指本机大小的整数。从 C♯ 9.0 起,用户可以使用 nint 和 nuint 关键字定义本机大小的整数。在 32 位进程中执行时,这些是 32 位整数。在 64 位进程中执行时,这些是 64 位整数。这两种类型可在使用大量整数运算的方案中提高计算性能。

2.3.2　枚举类型

枚举(Enumerator)类型是一组已命名的数值常量,用于定义具有一组特定值的数据类型。比如:一周中的 7 天,都是一些固定值——Sunday、Monday、Tuesday……;性别只有两个固定值——男、女,这些数据值都可以用枚举来实现。枚举以 enum 关键字声明。一般的定义格式是:

```
enum   枚举类型名
{
    枚举成员 1,
    枚举成员 2,
    …
    枚举成员 n
}
```

其中,枚举类型名是一个合法的标识符,枚举成员列举了这种枚举类型的所有取值。例如,一个图书馆读者的枚举类型有 3 种取值,定义如下:

```
enum EReaderRole
{
    Undergraduate,          //枚举成员,本科生
    Graduate,               //枚举成员,研究生
```

```
    Teacher                //枚举成员,教师
}
```

定义枚举类型后,就可以声明这种枚举类型的变量了。例如,声明一个 EReaderRole 类型的变量 readerRole,应该这样写:

```
EReaderRole readerRole;
```

为枚举类型变量赋值时,必须要用成员访问符".",一般的格式是:

```
变量名 = 枚举类型名.枚举成员
```

例如:

```
readerRole = EReaderRole.Undergraduate;
```

在没有指定特定的枚举成员类型的情况下,一般会默认枚举成员的基础类型为 int。默认状态下,枚举类型中的第 1 个成员赋值为 0,后续每个成员的值按 1 递增。但是,也可以在定义枚举类型时,直接给成员赋初值。例如:

```
enum EReaderRole
{
    Undergraduate = 4,
    Graduate = 7,
    Teacher
}
```

此时,枚举的第 1 个成员 Undergraduate 的值就是 4,第 3 个成员 Teacher 的值会递增为 8。

【例 2-2】 枚举的应用。

```
//2-2.cs
//定义枚举类型 EReaderRole
public enum EReaderRole
{
    Undergraduate,
    Graduate,
    Teacher
}
//启动类
class _2_2
{
    static void Main(string[] args)
    {
        EReaderRole readerRole = EReaderRole.Graduate;
        //将枚举类型变量转换为 int 型
        int i = (int)EReaderRole.Graduate;
        System.Console.WriteLine(readerRole);
        System.Console.WriteLine(i);
    }
}
```

例 2-2 的运行结果如图 2-2 所示。

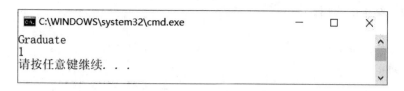

图 2-2　例 2-2 的运行结果

2.3.3　结构类型

在 C# 程序设计中，经常需要描述一些有机整体的信息，比如描述一个读者，需要包含读者姓名、读者证号、班级、专业等信息。如果用单个变量分别描述，显然不利于表达和使用。而使用结构或类类型可以很好地解决这一问题。

结构（Structure）类型是一种自定义数据类型。它是对同一类具有某些特定属性和功能的对象的抽象定义，同 C# 中的类类型基本相同。两者最大的区别是，类属于引用类型，而结构属于值类型，并且结构无法实现继承。

结构定义的一般形式是：

```
struct　结构类型名
{
    成员定义
}
```

其中，struct 是定义结构类型的关键字，结构类型名是一个合法的标识符，成员定义可以包括字段（C# 中的变量）声明等。与 C 语言不同的是，除了一般的字段之外，C# 语言还可以在结构的内部定义方法。下面是关于一个读者结构类型的定义，其中包含两个字段成员和一个方法成员。

```
struct Reader
{
    public string readerID;        //字段成员,读者证号
    public string readerName;      //字段成员,读者姓名
    public double GetFine()        //方法成员,计算罚款金额
    {
    }
}
```

这样就定义了一个名为 Reader 的结构类型。所有与 Reader 相关联的详细信息就都可以作为一个整体进行存储和访问了。

定义结构类型之后，就可以接着声明这种类型的变量了。例如：

```
Reader r1,r2;
```

这样就声明了两个 Reader 类型的变量 r1 和 r2。当访问这些结构变量中某个成员的时候，需要用到成员访问符"."，一般的格式是：

```
结构变量名.成员名
```

例如：

```
r1.readerID = "20090001";
r1.readerName = "Tony";
r1.GetFine();
```

在 C# 中，还可以实现整个结构变量的赋值。

【例2-3】 结构的应用。

```
//2-3.cs
//定义结构类型 Reader
struct Reader
{
    public string readerID;
    public string readerName;
    public double GetFine()
    {
        return 0;
    }
}
//启动类
class _2_3
{
    static void Main(string[] args)
    {
        Reader r1, r2;
        r1.readerID = "0001";
        r1.readerName = "马小雨";
        doubled = r1.GetFine();
        r2 = r1;
        Console.Write("读者证号:{0},姓名:{1},", r2.readerID, r2.readerName);
        Console.WriteLine("罚款金额为:{0}", d);
    }
}
```

例2-3的运行结果如图2-3所示。

图 2-3 例 2-3 的运行结果

在C#中，除了 nint 和 nuint 类型之外，所有的内置基本数据类型都是.NET框架中的某一个结构类型或类类型。表2-5列出了这些对应的关系。

表 2-5 C#基本数据类型与对应的.NET 框架中的预定义类型

C#基本数据类型	.NET 框架中的预定义类型	C#基本数据类型	.NET 框架中的预定义类型
bool	System. Boolean	uint	System. UInt32
byte	System. Byte	long	System. Int64
sbyte	System. SByte	ulong	System. UInt64
char	System. Char	short	System. Int16

C#基本数据类型	.NET框架中的预定义类型	C#基本数据类型	.NET框架中的预定义类型
decimal	System.Decimal	ushort	System.UInt16
double	System.Double	string	System.String
float	System.Single	object	System.Object
int	System.Int32		

在表 2-5 中，object 和 string 分别对应.NET 框架中的 System.Object 类和 System. String 类，其他的简单类型则都是对应不同的结构类型。

C#数据类型的关键字和.NET 类型名称是可以互换的。例如，可使用下列两种方式中的一种来声明一个整型变量：

int a = 123;

System.Int32 b = 123;

每个.NET 框架结构类型都对应有相应的字段、方法等成员。要访问这些成员，也必须使用成员访问符"."。

【例 2-4】 使用.NET 框架结构类型。

```
//2-4.cs
class _2_4
{
    static void Main(string[] args)
    {
        int x = 123;
        System.Int16 y = 123;
        Console.WriteLine("x 的数据类型为:" + x.GetType());
        Console.WriteLine("y 的数据类型为:" + y.GetType());
        Console.WriteLine("32 位有符号整数的最大值为:" + Int32.MaxValue);
        Console.WriteLine("32 位有符号整数的最小值为:" + Int32.MinValue);
        Console.WriteLine("16 位无符号整数的最大值为:" + UInt16.MaxValue);
        Console.WriteLine("16 位无符号整数的最小值为:" + UInt16.MinValue);
    }
}
```

例 2-4 的运行结果如图 2-4 所示。

图 2-4　例 2-4 的运行结果

2.4 变　　量

变量是用于保存数据的存储单元。在 C# 中，变量是使用特定数据类型和变量名来声明的。数据类型决定变量在内存中占用空间的大小。变量名是一个合法的标识符。变量声明的一般格式是：

［访问修饰符］　数据类型　变量名 1，变量名 2，…，变量名 n；

例如：

```
int   i ;                //声明 1 个 int 类型变量 i，i 占用 4 个字节的内存单元
double  d1,d2;           //声明 2 个 double 类型变量 d1 和 d2，各占用 8 个字节的内存单元
char  c = 'Y', d = 'z';  //声明 2 个 char 类型变量并分别进行初始化
bool  flag = true;       //声明 1 个 bool 类型变量并进行初始化
```

变量存储的值是可以发生更改的，但名称保持不变。下面的代码演示了如何声明一个整型变量并为它赋值，然后再为它赋一个新值。

```
int x = 1;           //x 赋值为 1
x = 2;               //x 重新赋值为 2
```

2.5 常　　量

常量是指在程序编译时就已经存在并且保持不变的值。类和结构可以将常数声明为成员。常数被声明为字段时，必须在字段的类型前面使用 const 关键字。

常数必须在声明时进行初始化。在 C# 中，常量的定义语法格式是：

［访问修饰符］　const 数据类型 常量名称 = 常量值；

例如：

```
class Days
{
    const int days = 365;
}
```

在上述示例中，常数 days 将始终为 365，不能更改，即使是该类自身也不能更改它。

【例 2-5】 常量应用示例。

```
//2-5.cs
class _2_5
{
    static void Main(string[] args)
    {
        //定义常量圆周率 pi 并初始化
        const float pi = 3.14F;
        //定义变量半径 r 并初始化
        double r = 1;
        //计算球的体积 v
        double v = 4 /3 * pi * r * r * r;
        Console.WriteLine("球体的体积为 {0:F4} 立方米", v);
    }
}
```

例 2-5 的运行结果如图 2-5 所示。

图 2-5　例 2-5 的运行结果

在上述输出语句中，"F4"用于指定输出数据的格式，其中，"F"指定输出数据为 float 类型，"4"指定输出数据的小数精度。

2.6　运算符与表达式

C♯提供了大量的运算符，这些运算符是用于指定在表达式中执行哪些操作的符号，如表 2-6 所示。

在 C♯常用的运算符中，接收 1 个操作数的运算符被称作一元运算符，如增量运算符（++）；接收 2 个操作数的运算符被称作二元运算符，如算术运算符+、-、*、/；接收 3 个操作数的运算符被称作三元运算符，条件运算符是 C♯中唯一的三元运算符。

表 2-6　C♯中常用的一些运算符

优先级	运算符	类别说明	结合性
1	()、[]、++、--,.、new、typeof、checked、unchecked	基本	自右向左
2	++、--、+、-、!、~、()	单目	自左向右
3	*、/、%	乘除	自左向右
4	+、-	加减	自左向右
5	<<、>>	移位	自左向右
6	<、>、<=、>=、is、as	比较	自左向右
7	==、!=	相等	自左向右
8	&	位与	自左向右
9	^	位异或	自左向右
10	|	位或	自左向右
11	&&	逻辑与	自左向右
12	||	逻辑或	自左向右
13	?:	条件	自右向左
14	=、+=、-=、*=、/=、%=、&=、|=、^=、<<=、>>=	赋值	自右向左

表达式是由运算符和操作数按特定规律组合而成的序列。操作数可以是任何大小的数值，也可以是由任何数量的其他操作组成的有效表达式。

当整个表达式包含多个运算符时，需要利用运算符的优先级来控制各个运算符的计算顺序。当操作数出现在具有相同优先级的两个运算符之间时，需要利用运算符的结合性来控制运算符的执行顺序。

例如：-a*b/c++等价于(-a)*b/(c++)；x=y=z 等价于 x=(y=z)。

下面将按照运算符的功能划分,着重介绍几种在C#程序中使用最为频繁的运算符。

2.6.1 赋值和相等运算符

在C#中,赋值运算符(=)具有与在C和C++中相同的功能,即将一个数据赋值给一个变量。赋值运算符的使用格式为:变量＝表达式。

运算将右侧表达式的值赋给左侧指定的变量、属性或索引器元素。赋值表达式的结果是赋予左侧操作数的值,结果的类型与左侧操作数相同。

等号运算符(＝＝)的作用是相等测试。如果运算符两侧的操作数的值相等,则等号运算符(＝＝)的返回值为 true,否则返回值为 false。相反,不等号运算符(!＝)的作用是不相等测试。例如:

```
int x = 100;            //x 赋值为 100
if (x == 100)           //判断 x 是否等于 100
{
    System.Console.WriteLine("X is equal to 100");
}
```

2.6.2 算术运算符

算术运算符是程序设计中最基础的运算符种类。其中,＋(加法)、－(减法)、*(乘法)、/(除法)、%(取余)都属于二元运算符,而＋(正号)、－(负号)属于一元运算符。算术运算符的说明和表达式如表 2-7 所示。使用括号可强制改变运算的顺序。

表 2-7　算术运算符的说明和表述式

算术运算符	说明	表达式
＋	执行加法运算(如果两个操作数是字符串,则该运算符用作字符串连接运算符,将一个字符串添加到另一个字符串的末尾)	操作数 1＋操作数 2
－	执行减法运算	操作数 1－操作数 2
*	执行乘法运算	操作数 1 * 操作数 2
/	执行除法运算	操作数 1/操作数 2
%	返回进行除法运算后的余数	操作数 1%操作数 2
＋	正号	＋操作数(一般省略)
－	负号	－操作数

例如:
```
int x = 9, y = 4;
int a, b, c;
double d;
//乘号优先级高于加号
a = x + y * 100;        //a = 409
//当两个操作数都是整型时,其运算结果取所得商的整数部分
b = x / y;              //b = 2
//运算结果的符号与取余运算符左边数值的符号相同
c = -x % (-y);          //c = -1
```

```
//C#语言中,取余的操作数可以是小数
d = 9.3 % 4;                //d = 1.3
```

2.6.3　自增和自减运算符

自增(++)和自减(――)运算符都是一元运算符,分为前缀和后缀两种形式,其结果都是使得操作数的值增1或减1。但是,两种形式的运算执行顺序却不同。如表 2-8 所示,前缀形式是先执行操作数自加(或自减)运算,然后将操作数的值作为表达式的结果;后缀形式是先取操作数的值作为表达式的结果,然后再执行操作数自加(或自减)运算。自增和自减运算符应用示例如表 2-8 所示。

表 2-8　自增和自减运算符应用示例

表达式	类型	计算方法	结果(假定 i 的值为9)
j=++i	前置自加	i=i+1	j=10
		j=i	i=10
j=i++	后置自加	j=i	j=9
		i=i+1	i=10
j=――i	前置自减	i=i-1	j=8
		j=i	i=8
j=i――	后置自减	j=i	j=9
		i=i-1	i=8

2.6.4　关系运算符

在 C#中,关系运算符有 6 种:<(小于)、>(大于)、<=(小于或等于)、>=(大于或等于)、==(等于)、!=(不等于)。关系运算符都是二元运算符,用于比较两个操作数之间的大小关系,其运算结果为一个 bool 值。当运算符左右的操作数满足运算符的大小关系时,结果为 true,否则为 false。关系运算符的说明和表达式如表 2-9 所示。

表 2-9　关系运算符的说明和表达式

关系运算符	说明	表达式
>	检查一个数是否大于另一个数	操作数1>操作数2
<	检查一个数是否小于另一个数	操作数1<操作数2
>=	检查一个数是否大于或等于另一个数	操作数1>=操作数2
<=	检查一个数是否小于或等于另一个数	操作数1<=操作数2
==	检查两个值是否相等	操作数1==操作数2
!=	检查两个值是否不相等	操作数1!=操作数2

例如:

```
int  x = 9 , y = 4 ;
bool a , b ;
a = x >= y ;            //a = true
b = x == y ;            //b = false
```

2.6.5　逻辑运算符

在 C#中,逻辑运算符用于实现操作数的逻辑运算,其运算结果为一个 bool 值。逻辑运算符"!"(逻辑非)只作用于单个操作数,属于一元运算符。"&&"(逻辑与)、"||"(逻辑或)均为二元运算符。

逻辑运算真值表如表 2-10 所示,其中,T 表示逻辑值 true,F 表示逻辑值 false。

表 2-10　逻辑运算真值表

p	q	P&&q	p||q	!p
F	F	F	F	T
T	F	F	T	F
F	T	F	T	T
T	T	T	T	F

例如:

```
int x = 9, y = 4;
bool a,b,c;
a = (x >= y) && (x == y);        //a = false
b = (x >= y) || (x == y);        //b = true
c = ! (x >= y);                  //c = false
```

2.6.6　位运算符

在 C#中,我们可以对整型操作数按位进行逻辑运算。按位进行逻辑运算的意义是:依次取操作数的每个位进行逻辑运算,每个位的逻辑运算结果即结果值的每个位。位运算符"~"(取反)属于一元运算符,"&"(与)、"|"(或)和"^"(异或)均为二元运算符。

位运算真值表如表 2-11 所示。

表 2-11　位运算真值表

p	q	p&q	p|q	p^q	~p
0	0	0	0	0	1
1	0	0	1	1	0
0	1	0	1	1	1
1	1	1	1	0	0

例如:

```
int x = 9, y = 4;
bool a,b,c;
a = (x >= y) & (x == y);         //a = false
b = (x >= y) | (x == y);         //b = true
c = (x >= y) ^ (x == y);         //c = true
```

2.6.7　复合赋值运算符

除了基本的赋值运算符(=)之外,C#中还提供了另外 10 种复合赋值运算符,分别为

十＝、－＝、＊＝、/＝、%＝、>>＝、<<＝、&＝、||＝、^=。这些复合赋值运算符的通用表
达式为

　　　变量　复合赋值运算符　表达式

其计算方法可以分解为：

　　　变量 = 变量　简单运算符　表达式

其中的简单运算符是将复合赋值运算符去掉"＝"后的运算符号。

　　例如：

```
int X = 5 ;
X += 5 ;          //相当于 X = X + 5,运算后 X 为 10
X -= 5 ;          //相当于 X = X - 5,运算后 X 为 5
X *= 5 ;          //相当于 X = X * 5,运算后 X 为 25
X / = 5 ;         //相当于 X = X / 5,运算后 X 为 5
```

2.6.8　条件运算符

条件运算符"？:"是 C♯ 中唯一的一个三元运算符。条件运算符的格式如下：

表达式1？表达式2：表达式3；

条件运算符的功能是：根据表达式1的值返回后面两个表达式的值中的一个。条件运算
符的运算规则是：如果表达式1的值为 true,则计算表达式2并以它的计算结果为整个表达式
的值；如果表达式1的值为 false,则计算表达式3并以它的计算结果为整个表达式的值。例
如：求两个数 x 和 y 中的较大值,可以写成 x>=y？x:y。

2.7　数据类型转换

每个值都有与之对应的类型,此类型决定了分配给该值的内存空间大小以及对应类型可
用的类型成员。许多值可以表示为多种类型,例如,值123可以表示为长整型、基本整型,也可
以表示为浮点型。

公共语言运行库支持扩大转换和收缩转换。例如,表示为32位带符号整数的值可转换为
64位的带符号整数。这就是扩大转换。相反的,从64位转换为32位,就是收缩转换。执行
扩大转换时,信息不会丢失,但精度可能会丢失；而在收缩转换过程中,信息则可能会丢失。

本节仅研究值类型中简单类型数值的互相转换,这种转换包括隐式转换和显式转换两种。

2.7.1　隐式转换

隐式转换一般是低类型向高类型转化,能够保证值不发生变化,并且这种转换是无条件
的。由于这种转换一直是成功的并且不会导致数据丢失,因此无须使用任何特殊语法。隐式
转换的一般规则如下。

（1）sbyte、byte、char、short 和 ushort 类型的变量,在进行算术运算时,其值会隐式转换为
int 类型。

（2）char 类型数值可以转换为各种整型数,但不存在其他类型向 char 类型的隐式转换。

（3）对于赋值运算、算术运算、关系运算和位运算,隐式转换要求运算符的两个操作数的
类型相同。如果不同,则按照表 2-12 中的隐式转换规则进行自动转换。

表 2-12 隐式转换规则

原始类型	可隐式转换的目标类型
sbyte	short、int、long、float、double、decimal 或 nint
byte	short、ushort、int、uint、long、ulong、float、double、decimal、nint 或 nuint
char	ushort、int、uint、long、ulong、float、double、decimal、nint 或 nuint
short	int、long、float、double、decimal 或 nint
ushort	int、uint、long、ulong、float、double、decimal、nint 或 nuint
int	long、float、double、decimal 或 nint
uint	long、ulong、float、double、decimal 或 nuint
long	float、double 或 decimal
ulong	float、double 或 decimal
float	double
nint	long、float、double 或 decimal
nuint	ulong、float、double 或 decimal

（4）浮点型不能隐式地转化为 decimal 型。

【例 2-6】 隐式转换。

```
//2-6.cs
class _2_6
{
    static void Main(string[] args)
    {
        byte x = 16;
        Console.WriteLine("x={0}", x);
        ushort y = x;
        Console.WriteLine("y={0}", y);
        y = 65535;
        Console.WriteLine("y={0}", y);
        float z = y;
        Console.WriteLine("z={0}", z);
    }
}
```

例 2-6 的运行结果如图 2-6 所示。

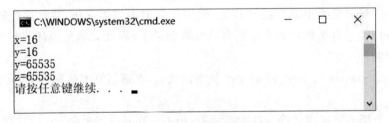

图 2-6 例 2-6 的运行结果

2.7.2 显式转换

1. 强制转换

在 C 和 C# 等语言中,我们可以使用强制转换执行显式转换。使用要执行转换的目标类型关键字作为转换的前缀时,会发生强制转换。例如:

```
int x;
double y;
y = 5.67;
x = (int) y;
```

注意,当目标类型能表示的最大值小于要转换的值的时候,尽量不要进行转换。

2. Convert 类

Convert 类为基本数据类型的转换提供了一整套方法。该类提供的方法主要用于在 .NET中实现某种基本数据类型和另一种基本数据类型之间的转换。Convert 类支持的转换类型包括 Boolean、SByte、Byte、UInt64、Int64、UInt32、Int32、UInt16、Int16、Single、Double、Decimal、DateTime、String、Char。此外,Convert 类还包含支持其他类型转换的方法。

【例 2-7】 Convert 类中的转换方法。

```
//2-7.cs
class _2_7
{
    static void Main(string[] args)
    {
        DateTime dt = DateTime.Now;
        string strNow = Convert.ToString(dt);        //从 DateTime 类型转换为 String 类型
        Console.WriteLine("现在时间为:" + strNow);
        string strYear = strNow.Substring(0, 4);      //取出字符串的前 4 位字符
        int year = Convert.ToInt32(strYear);          //从 string 转换为数字类型
        Console.WriteLine("今年年份为:" + year);
    }
}
```

例 2-7 的运行结果如图 2-7 所示。

图 2-7 例 2-7 的运行结果

3. 目标类型的 Parse 方法

通过目标类型的成员方法 Parse(string)或该方法的其他重载形式,也可以实现类型的显式转换。不同目标数据类型的 Parse 方法也有多种不同的语法形式。

【例 2-8】 Parse 方法实现类型转换。

```
//2-8.cs
class _2_8
{
    static void Main(string[] args)
    {
        Console.Write("请输入数值一:");
        string x = Console.ReadLine();
        int Value1 = int.Parse(x);
        Console.Write("请输入数值二:");
        string y = Console.ReadLine();
        short Value2 = short.Parse(y);
        int minus = Value1 - Value2;
        Console.WriteLine("{0} - {1} = {2}", Value1, Value2, minus);
    }
}
```

例 2-8 的运行结果如图 2-8 所示。

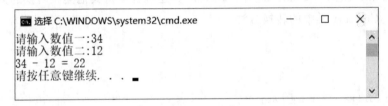

图 2-8   例 2-8 的运行结果

2.8   装箱与拆箱

装箱是将值类型转换为引用类型的过程,并将数据从栈中搬到堆中。

例如:

```
int val = 100;
object obj = val;
Console.WriteLine ("对象的值 = {0}", obj);
```

装箱操作是隐式进行的,转换时,系统会先在堆中分配一个对象内存,然后再将值类型的值复制到该对象中。

拆箱是将引用类型转换为值类型的过程,也就是从对象中提取值类型。拆箱必须显式进行,在拆箱时,系统首先会检查对象实例,确保它是给定值类型的一个装箱值,然后再将该值从实例复制到值类型变量中。

例如:

```
int val = 100;
object obj = val;
int num = (int) obj;
Console.WriteLine ("num: {0}", num);
```

需要注意的是:被装过箱的对象才能被拆箱。

习　题　2

一、选择题

1. 引用类型主要有 5 种:类类型、数组类型、字符串类型、接口类型和(　　)。

A. 对象类型　　　　　B. 字符类型　　　　　C. 委托类型　　　　　D. 整数类型

2. 数据类型转换的类是(　　)。

A. Mod　　　　　　　B. Convert　　　　　　C. Const　　　　　　D. Single

3. 在 C♯ 中,值类型包括基本值类型、结构类型和(　　)。

A. 小数类型　　　　　B. 整数类型　　　　　C. 类类型　　　　　　D. 枚举类型

4. 请问经过表达式 a＝3+1>5?0:1 的运算,变量 a 的最终值是什么?(　　)

A. 3　　　　　　　　　B. 1　　　　　　　　　C. 0　　　　　　　　　D. 4

5. 设 double 型变量 x 和 y 的取值分别为 12.5 和 5.0,那么表达式 x/y+(int)(x/y)−(int)x/y 的值为(　　)。

A. 2.9　　　　　　　　B. 2.5　　　　　　　　C. 2.1　　　　　　　　D. 2

6. 以下赋值语句中正确的是(　　)。

A. short x＝32768;　　　　　　　　　B. ushort y＝65534;

C. long x＝5000; int y＝x;　　　　　　D. double x＝20; decimal y＝x;

7. C♯ 的长整型数值在计算机中占用的字节个数是(　　)。

A. 8　　　　　　　　　B. 2　　　　　　　　　C. 3　　　　　　　　　D. 4

8. C♯ 中的类型 float 对应 .NET 类库中的(　　)。

A. System.Single　　B. System.Double　　C. System.Int32　　D. System.Int64

9. C♯ 的数据类型有(　　)。

A. 值类型和调用类型　　　　　　　　　B. 值类型和引用类型

C. 引用类型和关系类型　　　　　　　　D. 关系类型和调用类型

10. 拆箱是(　　)。

A. 值类型到引用类型的转换　　　　　　B. 引用类型到值类型的转换

C. 引用类型到引用类型的转换　　　　　D. 值类型到值类型的转换

二、简答题

1. 简述值类型与引用类型的区别,并分别举例。

2. 简述装箱与拆箱的含义。

三、编程题

1. 已知两个矩形的长和宽,试通过编程求出它们的面积和周长。假设矩形 1 的长和宽分别为 50 和 20,矩形 2 的长和宽分别为 5.6 和 4.5。长、宽由键盘输入,结果由控制台输出。

2. 编写一个控制台应用程序,首先输入圆的半径,然后计算出圆的周长和面积,并将结果输出到屏幕上。

3. 编写一个控制台应用程序,将用户输入的以秒为单位的时间长度拆分为以时、分、秒计量的形式,并进行输出。

4. 编写一个控制台应用程序,实现一个 string 类型变量转换为一个 int 类型变量的多种方法。

第 3 章　C♯控制语句

再复杂的程序,也都是由一条条的语句构成的。C♯提供了各种形式的语句,包括空语句、表达式语句、复合语句、控制语句、异常处理语句等。

本章主要介绍 C♯语言中常用的流程控制语句,包括选择语句、循环语句和跳转语句等。

3.1　选 择 语 句

根据给定表达式的结果进行判断,决定执行哪些语句,不执行哪些语句,这种程序结构就是选择结构。C♯语言中,选择语句有 if 语句和 switch 语句。

3.1.1　if 语句

if 语句有很多种不同的写法,包括与 else 的搭配。各种不同的写法对应了不同的分支结构:单分支、双分支和多分支。

图 3-1　单分支 if 语句的执行流程

1. 单分支 if 语句

单分支 if 语句的一般形式是:

```
if(表达式)
    语句块
```

其中,表达式为判断语句块是否执行的条件,一般为关系表达式或者逻辑表达式,也可以是一个运算结果,但是该表达式的结果必须为 bool 类型。语句块可以是单个语句,也可以是复合语句。单分支 if 语句的执行流程如图 3-1 所示。

整个 if 语句的功能是:若表达式的值为真(true),则执行语句块;若表达式的值为假(false),则不执行语句块,程序转去执行 if 语句的后续语句。

【例 3-1】　比较两个数 x 和 y 的大小,使得 x>y。

```
//3-1.cs
class _3_1
{
    static void Main(string[] args)
    {
        Console.Write("请输入整型数 X 的值:");
        int x = Convert .ToInt32 (Console.ReadLine());
        Console.Write("请输入整型数 Y 的值:");
        int y = Convert .ToInt32 (Console.ReadLine());
```

```
if (x < y)
{
    int t = x;
    x = y;
    y = t;
}
Console.WriteLine("X = {0},Y = {1}", x, y);
    }
}
```

例 3-1 的运行结果如图 3-2 所示。

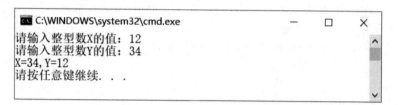

图 3-2 例 3-1 的运行结果

当例 3-1 运行时,如果输入的 x 值小于 y 值(x < y),则执行 if 语句结构大括号中的语句块。如果输入的 x 值大于或等于 y 值(x >= y),则直接执行 if 语句结构之后的输出语句。

2. 双分支 if-else 语句

if-else 语句的一般形式是:

if(表达式)

　　语句块 1

else

　　语句块 2

该语句的执行流程如图 3-3 所示。

图 3-3 双分支 if-else 语句的执行流程

整个 if-else 语句的功能是:若表达式的值为真(true),则执行语句块 1;若表达式的值为假(false),则执行语句块 2。

【**例 3-2**】 比较两个数 x 和 y 的大小,输出较大的数。

```
//3-2.cs
class _3_2
{
    static void Main(string[] args)
    {
        Console.Write("请输入整型数 X 的值:");
        int x = Convert.ToInt32(Console.ReadLine());
        Console.Write("请输入整型数 Y 的值:");
        int y = Convert.ToInt32(Console.ReadLine());
        if (x >= y)
            Console.WriteLine("较大的数是 X = " + x);
        else
            Console.WriteLine("较大的数是 Y = " + y);
    }
}
```

例 3-2 的运行结果如图 3-4 所示。

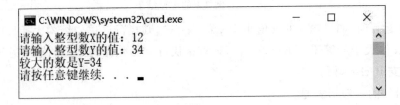

图 3-4 例 3-2 的运行结果

当例 3-2 运行时,如果输入的 x 值大于或等于 y 值(x>=y),则执行 if 分支中的语句块。如果输入的 x 值小于 y 值(x<y),则执行 else 分支中的语句块。

3. if 语句的嵌套形式

if 语句可以实现嵌套,即 if 或 else 的子句可以是另外的 if 或 if-else 语句。通常情况下,我们用嵌套的 if 语句解决多分支的问题。例如:

```
if (表达式 1)
        语句块 1;
else if (表达式 2)
            语句块 2;
    else
        …
        else if (表达式 n)
                    语句块 n;
            else
                    语句块 n+1;
```

该语句结构的执行流程如图 3-5 所示。

图 3-5 嵌套的 if 语句的执行流程

【**例 3-3**】 比较 3 个数 x、y、z 的大小,输出其中最大的值。

```
//3-3.cs
class _3_3
{
    static void Main(string[] args)
    {
        Console.Write("请输入整型数 X 的值:");
        int x = Convert.ToInt32(Console.ReadLine());
        Console.Write("请输入整型数 Y 的值:");
        int y = Convert.ToInt32(Console.ReadLine());
        Console.Write("请输入整型数 Z 的值:");
        int z = Convert.ToInt32(Console.ReadLine());
        if (x >= y)
            if (x >= z)
                Console.WriteLine("较大的数是 X = " + x);
            else
                Console.WriteLine("较大的数是 Z = " + z);
        else
            if (y >= z)
                Console.WriteLine("较大的数是 Y = " + y);
            else
                Console.WriteLine("较大的数是 Z = " + z);
    }
}
```

例 3-3 的运行结果如图 3-6 所示。

在不同的应用实例中,if 语句的嵌套形式也各不相同。需要注意的是,无论在哪种嵌套的 if 语句中,每个 else 子句总是与其前面最近的、尚未配对的那个 if 子句配对。

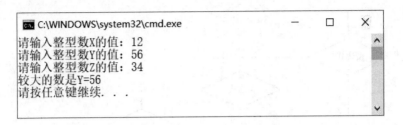

图 3-6　例 3-3 的运行结果

3.1.2　switch 语句

嵌套的 if 语句可以解决多分支选择的问题,同时,C♯语言还提供了另一种实现多分支选择结构的方法——switch 语句。

switch 语句又称为开关语句,其一般形式是:

```
switch(表达式)
{
    case 常量表达式 1:子句 1;[break;]
    case 常量表达式 2:子句 2;[break;]
    …
    case 常量表达式 n:子句 n;[break;]
    [default:子句 n＋1;]
}
```

其中,switch 括号中的表达式称为选择控制表达式,它可以为任意形式的表达式,但是其值一般为整型、字符型、字符串型或枚举型。每个 case 后面的常量表达式的值应该与 switch 后的表达式值的类型相同。子句是对应分支的执行语句,可以是一条语句,也可以是多条语句。break 语句是一个可缺省选项,表示跳出当前所在的 switch 语句。default 选项也是可缺省的,习惯上放在最后面。

整个 switch 语句的功能是:先计算 switch 后的表达式的值,再将得到的结果按照先后顺序,与每个 case 后的常量表达式的值进行比较。如果相等,则从该分支处的子句开始往后顺序执行。如果没有找到相等的常量表达式,则转去执行 default 后面的子句。当然,如果没有相等的常量表达式又无 default 选项,则不执行任何子句,直接结束 switch 语句。

使用 switch 语句需要注意:

(1) case 后的常量表达式的值必须互不相同;

(2) 如果 case 子句是多条语句,则可以不用括号将其括起来形成复合语句。

【例 3-4】　根据输入的年份和月份,判断该月有多少天。

```
//3-4.cs
class _3_4
{
    static void Main(string[] args)
    {
        Console.Write("请输入年份:");
        int year = Convert.ToInt32(Console.ReadLine());
        Console.Write("请输入月份:");
```

```
int month = Convert.ToInt32(Console.ReadLine());
switch (month)
{
    case 1:
    case 3:case 5:
    case 7:case 8:case 10:
    case 12:Console.WriteLine(year + "年" + month + "月有 31 天"); break;
    case 4:
    case 6:case 9:
    case 11:Console.WriteLine(year + "年" + month + "月有 30 天"); break;
    case 2:
        if ((year % 4 == 0 && year % 100 != 0) || (year % 400 == 0))
            Console.WriteLine(year + "年" + month + "月有 29 天");
        else
            Console.WriteLine(year + "年" + month + "月有 28 天");
        break;
    }
    }
}
```

例 3-4 的运行结果如图 3-7 所示。

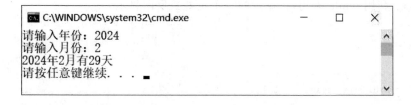

图 3-7　例 3-4 的运行结果

需要注意的是，在例 3-4 中，有的 case 分支执行语句后面有一个 break 语句，有的则没有。break 语句使得程序从当前的子句中跳出来，转去执行 switch 语句后面的语句。

3.2　循 环 语 句

在程序设计中，经常会遇到在某些特定条件下，需要重复执行一些语句的问题，这个问题需要用循环结构来解决。在 C♯语言中，常用的循环语句有 while 语句、do-while 语句、for 语句。

3.2.1　while 语句

while 语句的一般形式是：

```
while(表达式)
    语句块
```

其中，表达式为判断循环体是否执行的条件，一般为关系表达式或者逻辑表达式，也可以是一个运算结果，但是该表达式的结果必须为 bool 类型。语句块为循环体内容，可以是单个语句，也可以是复合语句。while 语句的执行流程如图 3-8 所示。

图 3-8   while 语句的执行流程

整个 while 语句的功能是：先判断表达式的值，当表达式的值为真（true）时，则执行循环体语句块；当表达式的值为假（false）时，则退出循环。

需要注意的是，在语句块中，一般要有使循环控制变量变化的语句，以使循环不断趋于结束，或者有跳出循环结构的语句，否则，程序就会陷入死循环。

【例 3-5】 利用 while 语句，将输入的一个正整数反向显示。

```
//3-5.cs
class _3_5
{
    static void Main(string[] args)
    {
        Console.Write("请输入一个正整数:");
        int num = int.Parse(Console.ReadLine());
        int digit;
        while (num != 0)
        {
            digit = num % 10;
            Console.Write(digit);
            num /= 10;
        }
        Console.WriteLine();
    }
}
```

例 3-5 的运行结果如图 3-9 所示。

在例 3-5 中，需要注意的是，循环的执行条件是 num != 0。也就是说，当 num == 0 的时候，才会退出该循环结构。

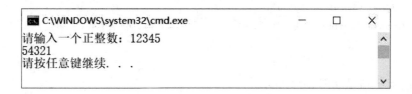

图 3-9 例 3-5 的运行结果

3.2.2 do-while 语句

do-while 语句的一般形式是：

```
do
    语句块
while(表达式);
```

与 while 语句不同的是,do-while 语句表达式后面的分号是不可缺少的。do-while 语句的执行流程如图 3-10 所示。

图 3-10 do-while 语句的执行流程

整个 do-while 语句与 while 语句功能的差别在于:do-while 语句首先执行循环体语句块,然后再判断表达式的值。当表达式的值为真(true)时,则继续执行循环体,直到表达式的值为假(false)时,则退出循环。因此,do-while 语句中的循环体至少执行一次。

【例 3-6】 根据公式 $e=1+1/1!+1/2!+1/3!+\cdots$,求 e 的近似值,要求精确到 10^{-5}。

```
//3-6.cs
class _3_6
{
    static void Main(string[] args)
    {
        double e = 1;
        double jc = 1;
        int i = 1;
        do
        {
            e = e + 1 /jc;
            i ++ ;
            jc = jc * i;
```

```
        } while (1 / jc >= 1e - 5);
        Console.WriteLine("e = {0}", e);
    }
}
```

例 3-6 的运行结果如图 3-11 所示。

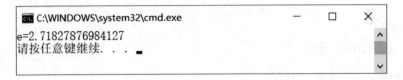

图 3-11　例 3-6 的运行结果

3.2.3　for 语句

for 语句是使用最为广泛、最为灵活的循环语句。编程中常见的循环问题都可以使用 for 语句来解决。

for 语句的一般形式是：

for(表达式 1;表达式 2;表达式 3)
　　循环体语句

根据 for 语句的使用情况，其 3 个表达式一般为：

表达式 1：循环变量赋初值，一般为赋值表达式；

表达式 2：循环条件，一般为关系表达式或者逻辑表达式；

表达式 3：循环变量值的调整，一般为算术运算表达式；

for 语句的执行流程如图 3-12 所示。

图 3-12　for 语句的执行流程

整个 for 语句的功能是：先执行表达式 1，然后判断表达式 2 的值，当其值为真（true）时，则执行循环体语句，再执行表达式 3，接着再判断表达式 2 的值。根据表达式 2 的值决定是否继续执行循环。当某次判断表达式 2 的值为假（false）时，则退出循环。

使用 for 语句需要注意以下两点。

（1）根据 for 语句 3 个表达式的执行次数和执行顺序，我们可以将这 3 个表达式调整到其他位置，但是不能省略，写法可以非常灵活。

（2）如果需要在表达式 1 中声明多个变量，则这些变量的数据类型必须相同。例如：
for(int i＝0,j＝10;i<=5;i＋＋,j－－)，其中，i,j 的数据类型必须相同。

【例 3-7】 利用 for 语句判断一个正整数 m 是不是素数。

```
//3-7.cs
class _3_7
{
    static void Main(string[] args)
    {
        int i;
        Console.Write("请输入一个不小于 2 的正整数:");
        int m = Convert.ToInt32(Console.ReadLine());
        for (i = 2; i < m; i++)
        {
            if (m % i == 0)
            {
                Console.WriteLine("{0} 不是一个素数", m);
                break;
            }
        }
        if (i == m)
            Console.WriteLine("{0} 是一个素数", m);
    }
}
```

例 3-7 的运行结果如图 3-13 所示。

图 3-13 例 3-7 的运行结果

3.2.4 循环的嵌套

在一个循环体内，完整地包含另一个循环结构，这就是循环的嵌套。前面介绍的 3 种循环语句 while、do-while、for 都可以互相实现嵌套。需要注意的是，各层循环都必须完整，相互之间绝不允许有交叉。另外，还应分清循环层次，避免出现死循环。

【例 3-8】 输出一个三角形星号图形。

```
//3-8.cs
class _3_8
{
```

```
static void Main(string[] args)
{
    Console.Write("请输入行数:");
    int lines = int.Parse(Console.ReadLine());
    for(int i=1; i<= lines ; i++)                    //外层循环控制输出的行数
    {
        for (int k = 1; k <= lines - i; k++)         //第 i 行上输出 lines-i 个空格
            Console.Write(" ");
        for (int j = 1; j<= 2 * i - 1; j++)          //第 i 行上输出 2*i-1 个星号
            Console.Write(" * ");
        Console.WriteLine("");
    }
}
```

例 3-8 的运行结果如图 3-14 所示。

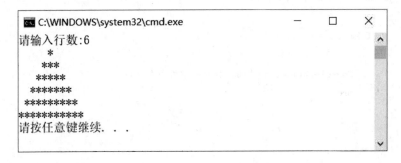

图 3-14　例 3-8 的运行结果

一个循环外面仅包围一层循环称为双层循环。例 3-8 就是一个双层循环的例子。

3.3　跳　转　语　句

在 C#语言中，可以实现程序跳转功能的语句有很多，包括 break 语句、continue 语句、return 语句、goto 语句和 throw 语句。下面介绍其中的 4 种。

3.3.1　break 语句

break 语句的一般形式是：

break;

在前面讲解 switch 语句时，我们已经介绍过 break 语句了，它可以使程序流程退出其所在的 switch 语句。除此之外，break 语句还可以用在各种循环语句的循环体中，用于退出它当前所在的那层循环。

【例 3-9】　求两个正整数的最大公约数。

```
//3-9.cs
class _3_9
{
```

```
static void Main(string[] args)
{
    Console.Write("请输入第 1 个正整数:");
    int a = Convert.ToInt32(Console.ReadLine());
    Console.Write("请输入第 2 个正整数:");
    int b = Convert.ToInt32(Console.ReadLine());
    int p = a < b ? a : b;
    while (p >= 1)
    {
        if ((a % p == 0) && (b % p == 0))
        {
            Console.WriteLine("最大公约数为:" + p);
            break;
        }
        p--;
    }
}
```

例 3-9 的运行结果如图 3-15 所示。

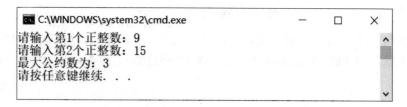

图 3-15　例 3-9 的运行结果

3.3.2　continue 语句

continue 语句的一般形式是:

continue;

continue 语句一般用在循环语句的循环体中,它的作用是使程序流程提前结束当次循环,直接进入下一次循环的执行。

【例 3-10】　编写程序,输入若干名学生某门课程的考试分数(以 0 作为结束),并统计该课程的及格率。

```
//3-10.cs
class _3_10
{
    static void Main(string[] args)
    {
        int score, num = 0, pass = 0;
        Console.WriteLine ("请输入 0~100 以内的学生分数(以 0 作为结束):");
        do
        {
```

```
        score = Convert.ToInt32(Console.ReadLine());
        num++;              //记录总人数
        if (score < 60)
            continue;
        pass++;             //记录及格的人数
    } while (score != 0);
    Console.WriteLine("及格率为:{0}%", 100 * pass / (num - 1));
    }
}
```

例 3-10 的运行结果如图 3-16 所示。

图 3-16 例 3-10 的运行结果

在例 3-10 中，当 score<60 成立时，程序会跳过 pass++;语句，也就是不会将当前这个学生计入及格人数。相反的，在 score>=60 的情况下，则会执行 pass++;语句，并由此来计算及格的人数。

3.3.3 return 语句

在 C#语言中，return 语句主要用于结束方法的执行，并且将需要的结果返回。例如：
```
static void Main(string[] args)
{
    for (int i = 1; i <= 100; i++)
    {
        Console.Write(i + " ");
        if (i == 10)
            return;
        if (i == 50)
            Console.WriteLine("i = 50");
    }
    Console.ReadLine();
}
```

在程序运行过程当中，当遇到 return 语句时，程序会立即退出整个 Main 方法，控制台将立即关闭，整个程序执行完毕。由于 return 语句后面没有任何内容，因此 Main 方法会返回一个 void 类型。

在实际应用中，为了实现某些特定的功能，经常会编写一些方法，这个时候就需要用到

return 语句了。例如：

```
int add(int a,int b)
{
    return a + b;
}
```

return 语句可以返回该方法的值,并且结束该方法的调用。

3.3.4　goto 语句

同 C、C++一样,C♯也支持 goto 语句。使用该语句时,需要在程序的适当位置加入语句标号。goto 语句的一般形式是：

goto 语句标号;

整个 goto 语句的功能是:使程序流程无条件地跳转到当前程序段中语句标号所标识的位置继续执行。例如：

```
…
goto test;
…
test :
…
```

其中,test 是一个语句标号,程序执行到 goto 语句便会直接转向 test 标号处继续执行,两者之间的其他语句将直接跳过。

需要注意的是,由于 goto 语句会破坏程序的结构,过多地使用容易造成程序结构的混乱,导致程序维护相当困难,因此,编程中应尽量少用 goto 语句。

习　题　3

一、选择题

1. 先判断循环条件后执行循环体的当型循环语句是(　　)。

A. do…while　　　　B. while　　　　　C. while…do　　　　D. do…loop

2. 关于循环语句,下列错误的说法是(　　)。

A. for 语句、while 语句与 do-while 语句可以相互替换

B. while(5){Console. WriteLine("Hello!");}将无限输出字符串 Hello

C. for(int i=5;i<13;i++){} 这个语句将运行 8 次

D. while 语句中的条件必须是 bool 类型的结果

3. 在 C♯语言中,关于 continue 和 break,以下说法正确的是(　　)。

A. break 是中断本次循环

B. continue 是中断本次循环,进入下一次的循环

C. break 是中断本次循环,进入下一次的循环

D. continue 是中断整个循环

4. 在 C♯语言中,关于 while 和 do…while,以下说法正确的是(　　)。

A. while 先执行,然后判断条件是否成立

B. while 最少的循环次数是 1

C. do…while 先执行，然后判断条件是否成立

D. do…while 最少的循环次数是 0

二、填空题

1. 比较 3 个变量的大小，并按从小至大的顺序输出 3 个变量的值。

```csharp
using System;
public class P2_1
{   public static void Main()
    {   int a = int.Parse(Console.ReadLine());
        int b = int.Parse(Console.ReadLine());
        int c = int.Parse(Console.ReadLine());
        if(_____)
        {   if(a < c)
            {   if(b < c)
                {   Console.Write("{0} {1} {2}",a,b,c);}
                else
                {   Console.Write("{0} {1} {2}",a,c,b);}
            }
            else
                Console.Write("{0} {1} {2}",c,a,b);
        }
        else
        {   if(b < c)
            {   if(_____)
                {   Console.Write("{0} {1} {2}",b,a,c);}
                else
                {   Console.Write("{0} {1} {2}",b,c,a);}
            }
            else
                Console.Write("{0} {1} {2}",c,b,a);
        }
    }
}
```

2. 用 for 循环计算 100 以内的素数累加和。

```csharp
using System;
public class P2_2
{   public static void Main()
    {   int sum = 0;
        bool prime;
        for(int i = 1;i < 100;i++)
        {   prime = true;
            for(int j = 2;j < i;j++)
            {   if(_____)
                {
```

```
                prime = false;
                _____
            }
        }
        if(prime)
            sum = sum + i;
    }
    Console.WriteLine("sum = " + sum);
    }
}
```

3. 有一数列 2/1,3/2,5/3,8/5,13/8,21/13,…,求出这个数列前 10 项的和。

```
using System;
class P2_3
{
    static void Main()
    {
        double n,t,a = 2,b = 1,s = 0;
        for (int i = 0;i < 10;i + + )
        {
            n = a/b;
            s = _____;
            t = a ;
            a = _____;
            b = t;
        }
        Console.WriteLine("s = {0}",s);
    }
}
```

三、编程题

1. 编写程序,使用 if 语句将输入的 3 个整数按照从小到大的顺序排序。

2. 编写一个简单的控制台计算器程序,要求能够根据用户从键盘输入的运算指令和运算数,进行简单的加减乘除运算。

3. 先写一条 for 语句,求若干整数的累加和,计数条件为 i 从 100 到 200,步长为 2;然后再用 while 语句实现同样的循环。

4. 编写程序,输出 100 以内所有个位数为 6 且能被 3 整除的数。

5. 编写程序,输出 1～100 中能被 3 整除但不能被 5 整除的数,并统计有多少个这样的数。

6. 合数就是非素数,即除了 1 和它本身之外还有其他约数的正整数。编写程序,求出指定数据范围(假设 10～100)内的所有合数。

7. 编写程序,验证哥德巴赫猜想(任何一个大于 2 的偶数都可拆分为两个素数之和)并输出拆分后的结果,例如:8=3+5。

8. 编写程序,求出 1～300 中所有能被 7 整除的数,并依次计算和输出每 5 个数的和。

53

第4章 类与类的成员

C#语言是一门完全面向对象的程序设计语言,面向对象的三大特性是封装、继承与多态。与C语言不同,C#语言中没有存在于类型(类、结构、接口、枚举等)之外的全局变量和全局函数。因此,在C#程序中,所有的程序逻辑和数据都必须放在一个类型定义中,这个类型通常使用一个类进行描述,这就体现了面向对象的封装性。

本章主要介绍类、对象以及类的成员。其中类的成员包括字段、常量、方法、构造函数、析构函数、属性、索引器。

4.1 类 和 对 象

类是C#应用程序的基本组成单元,是在编写应用程序时对系统中的相关概念进行抽象并进一步封装的产物。当我们用面向对象的思想去分析、设计一个系统时,整个系统的结构就特别清晰。比如需要编写一个图书馆管理系统时,存在这样两个最主要的实体:图书和读者,有了图书和读者,基本就可以完成系统的一些常用功能,比如查找图书、借书、还书、续借图书等。这里的图书和读者就是基于面向对象思想对系统进行分析而得到的类。进一步,图书包含书名、作者、出版日期等,读者包含读者证号、读者姓名等,这些信息则构成了类的成员。

类的概念是相对抽象的。比如说到图书这个类,我们无法说出书名、作者、出版日期等具体信息。但若是某一本具体的图书,如一本《C#语言程序设计》,我们就知道这些具体信息。而这个具体的图书,就是图书类的一个对象。

接下来将介绍类和对象的声明、使用以及类的成员。

4.1.1 类的声明

类是C#中最重要的类型,它是一种数据结构,将状态(数据成员)与操作(函数成员)封装在一个独立的单元中。

使用类之前需要先声明,而我们之所以能够直接使用int、string这些类型,是因为.NET类库中已经声明了它们。使用class关键字声明一个类,其一般格式如下:

```
[访问修饰符]class 类名
{
    //类的成员定义;
}
```

说明:

(1) 在声明格式中,一对方括号"[]"包含的部分表示该部分可以省略。以后出现的声明格式也遵循该原则。

（2）访问修饰符可以用来修饰类和类的成员，它指出了类或类的成员是否能被其他类的代码合法引用，体现了面向对象中的封装思想。它是定义类的可选部分。C♯中有5种访问修饰符，如表4-1所示。

表4-1 访问修饰符

访问修饰符	访问权限（修饰类）	访问权限（修饰类的成员）
private	不能使用	私有的，最低的访问权限，只能在声明它的类中被访问
protected	不能使用	受保护的，只能在声明它的类和子类中被访问
internal	内部的，只能在所在的程序集中被访问	内部的，只能在所在的程序集中被访问
protected internal	不能使用	受保护的或内部的，可以在声明它的类和子类中被访问，也可以在它所在的程序集中被访问。protected internal 是 protected 和 internal 访问权限的"并集"
public	公有的，访问不受限制	公有的，访问不受限制

在声明一个类时，若省略了访问修饰符，则默认的访问权限是 internal 的。

（3）类名是 C♯中的一个合法标识符。类名最好能够体现类的含义和用途，其第一个字母一般为大写。

（4）类的成员的定义要用一对大括号"{}"括起来，我们通常称之为类的主体。类的主体并不一定要包括类的成员的定义，我们甚至可以声明一个类，不包括任何成员。

例如，以下代码声明了一个最简单的类：

```
class Reader
{
}
```

以上代码声明了一个类名为 Reader 的类，没有使用访问修饰符，默认的访问权限为 internal，并且没有定义任何类的成员。

提示：我们可以在一个现存的 cs 文件中输入以上代码来建立 Reader 类，也可以借助于 Visual Studio 开发环境提供的功能来声明一个类：单击菜单栏"项目"→"添加类"（也可以在"解决方案资源管理器"中，鼠标右击"项目"，在弹出菜单中选择"添加"→"类"），然后在弹出的窗体中填写类文件名称 Reader.cs，单击"添加"按钮。开发环境会自动生成 Reader 类的一部分相关代码。

4.1.2 对象

类是一个抽象的概念。通常情况下，一个类在声明之后并不能被直接使用，我们需要创建这个类的对象（通常也称对象为实例，创建对象的过程称为类的实例化），并且声明对这个对象的引用。声明一个对象引用的形式如下：

```
类名 对象名;
```

一定要注意的是，类是一种引用类型。引用类型变量与值类型变量不同的是：值类型变量中存储的是实际数据，而引用类型变量中存储的是实际数据所在的内存地址。因此，上面声明语句中的"对象名"作为一个引用类型变量，存储的并不是实际对象（数据），而是实际对象（数据）在内存中的地址。此时真正的对象并没有被创建，因此"对象名"的值是 null，未指向内存中的任何地址。如下代码声明了一个 Reader 类的对象引用 Tony：

```
Reader Tony;
```

对象引用内存如图 4-1 所示。

于是，我们还要再创建对象。C#中使用关键字 new 来创建一个对象，其声明格式如下：

```
new 类名();
```

由于类是引用类型，系统会在托管堆中为该对象分配内存。对象创建以后，就可以通过赋值语句建立之前声明的对象引用 Tony 与创建的这个对象之间的关联了，通常来说，就是让对象引用 Tony 指向新的对象，代码如下：

```
Tony = new Reader();
```

通过上一句代码，对象引用 Tony 中就存放了新对象的地址，对象引用内存如图 4-2 所示。

图 4-1　对象引用内存图（一）　　　　图 4-2　对象引用内存图（二）

一般情况下，我们同时声明对象引用和创建对象，格式如下：

```
类名 对象名 = new 类名();
```

有了类的对象之后，就可以访问其内部的成员了。C#中使用运算符"."进行访问，形式如下：

```
对象名.成员名
```

假设 Reader 类有两个数据成员，声明如下：

```
class Reader
{
    public string readerID;         //读者证号
    public string readerName;       //读者姓名
}
```

则可以通过以下语句对成员进行访问：

```
Reader Tony = new Reader();
Tony.readerID = "R0001";
Tony.readerName = "Tony";
```

提示：在使用"对象名.成员名"访问对象的成员时，一定要确认该对象引用不为空（null），否则会引发一个异常。例如：

```
Reader Tony;                    //此时该对象 Tony 为 null
Tony.readerName = "Tony";       //错误，因为对象 Tony 为 null，未指向任何内存空间
```

类与对象的区别和联系：类是一个相对抽象的概念，而对象是一个相对具体的概念；类为生成一个或多个对象提供模板、蓝图。根据类这个模板，就可以使用 new 运算符生产出一个一个的对象。如图 4-3 所示。

图 4-3　类与对象的区别和联系

4.1.3　类的成员

类是利用面向对象的分析、设计方法对软件系统中的事物进行的抽象封装的产物,因此,抽象封装后的类应该具有一定的意义和作用。类的意义和作用通过类的成员来体现,上一节声明的 Reader 类中没有任何的类成员,这样的类没有什么意义,我们需要给它添加成员。

类的成员包括数据成员和函数成员。其中数据成员用来描述该类或对象的状态,而函数成员用来描述该类或对象所具有的行为。

类的数据成员主要包括字段和常量;类的函数成员主要包括方法、属性、索引器、构造函数、析构函数。类的成员与描述如表 4-2 所示。

表 4-2　类的成员与描述

成员	成员描述
字段	类的变量
常量	与类相关联的常数值
方法	类可执行的操作
属性	与读写字段相关的操作
索引器	能够以数组方式索引类的实例的操作
构造函数	用于初始化类的实例时执行的操作
析构函数	用于删除实例之前执行的操作

4.2　字　　段

字段是类最常见的数据成员。字段用来表示在类中定义的与类或对象相关联的变量成员。根据这些字段是跟实例对象相关还是和类相关,可以将其分为实例字段、静态字段、只读字段。接下来具体介绍这几类字段的声明与用法。

4.2.1 实例字段

实例字段是与类的实例对象相关的字段,该类的每个实例中都有它的数据副本。改变其中一个实例的某个字段不会影响其他实例中的相同字段。

比如要声明一个图书类 Book,在为该类增加成员时,我们需要一个成员来存放图书名称信息。对于这个成员来说,它是和每个实例(每本图书)相关的信息,因为每本图书都有自己的图书名称,改变其中任何一本图书的名称,都不会影响到其他图书。此时我们可以将这个成员声明为实例字段。实例字段的声明格式如下:

［访问修饰符］数据类型 字段名［ = 初始值］;

当省略"访问修饰符"时,类的成员的默认访问权限为 private;而省略"＝初始值"对字段的值进行初始化时,字段则会根据其数据类型的不同而具有相应的默认值。

实例字段声明了之后,我们就可以访问它了。在类的内部,我们可以直接使用字段名来访问;而在类的外部,由于实例字段是属于实例对象的数据成员,因此我们需要首先创建一个该类的实例对象,然后再通过对象名来引用。

【例 4-1】 声明一个图书类 Book,为其添加实例字段,并进行字段访问。

根据面向对象的思想,分析现实图书馆中一本图书应该包括的基本信息——图书编号、图书名称、当前状态、借出日期、应还日期,若不考虑篇幅,读者信息还应包括更多内容。由于图书状态可以简单分为在馆和借出两种,因此我们首先采用枚举类型定义图书的两种状态(思考:为何此处图书状态不采用布尔类型变量来表示此图书是否在馆? 提示:若系统需求变更,需要增加一种图书状态——丢失,该怎样做?)。由于对于每本图书来说,它们都包含这些信息的数据副本,并且互不影响,因此我们应该将这些字段声明为实例字段。代码如下所示:

```
//4-1.cs
//枚举类型——图书状态
enum EBookStatus
{
    AtLibrary,                      //在馆
    Borrowed                        //借出
}

//图书类
class Book
{
    public string bookID;           //实例字段:图书编号
    public string bookName;         //实例字段:图书名称
    public EBookStatus currentStatus;  //实例字段:当前状态
    public DateTime borrowDate;     //实例字段:借出日期
    public DateTime returnDate;     //实例字段:应还日期
}

//启动类
class_4_1
{
```

```
static void Main(string[] args)
{
    //创建一个图书对象
    Book book = new Book();
    //在类 Book 的外部,通过对象名访问其实例字段
    book.bookID = "B0001";
    book.bookName = "C 语言";
    book.currentStatus = EBookStatus.AtLibrary;
    //初始状态为"在馆",因此借出日期和应还日期未赋值
    Console.WriteLine(
        "图书编号:\t" + book.bookID +
        "\n图书名称:\t" + book.bookName +
        "\n当前状态:\t" + book.currentStatus.ToString());
}
}
```

例 4-1 的运行结果如图 4-4 所示。

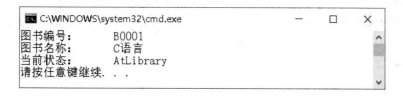

图 4-4　例 4-1 的运行结果

在例 4-1 中,我们为图书类 Book 声明了 5 个实例字段,为了能够在类的外部(主函数中)被访问,实例字段的访问修饰符使用的都是 public。在主函数中,通过 Book 类的一个对象引用 book 对其实例字段进行了访问(注:在类内部的函数成员中,可以直接用实例字段名进行访问,在介绍函数成员时将会看到这样的访问方式)。由于这些字段都是 Book 类的实例字段,因此在每个 Book 类的实例对象中,系统都会创建这些实例字段的数据副本。另外,在各个 Book 的实例对象中,这些实例字段互不影响。例如,以下语句声明了 Book 类的另外一个对象:

```
Book book1 = new Book();
book1.bookID = "B0002";
book1.bookName = "数据库";
book1.currentStatus = EBookStatus.AtLibrary;
```

实例字段内存分配如图 4-5 所示。

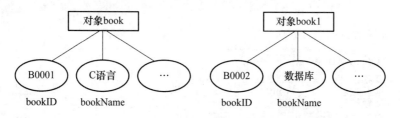

图 4-5　实例字段内存分配

如图 4-5 所示,两个对象的实例字段占用各自的内存空间,改变对象 book1 的 bookName 字段不会影响到对象 book 的 bookName 字段。

接下来,我们再来设计图书馆管理系统中的另一个重要的类:读者类。

【例 4-2】 声明一个读者类 Reader,并为其添加实例字段。

一个读者的基本信息大致包括:读者证号、读者姓名、读者年龄、所借图书(由于还未涉及 C#的数组和泛型,因此此处假设每个读者只能借一本书)。

```csharp
//4-2.cs
//图书类
class Book { }


//读者类
class Reader
{
    public string readerID;        //实例字段:读者证号
    public string readerName;      //实例字段:读者姓名
    public int readerAge;          //实例字段:读者年龄
    public Book borrowedBook;      //实例字段:所借图书
}


//启动类
class _4_2
{
    static void Main(string[] args)
    {
        //实例化一个读者对象 Tony
        Reader Tony = new Reader();
        //在类 Reader 的外部,通过对象名访问其实例字段
        Tony.readerID = "S0001";
        Tony.readerName = "Tony";
        Tony.readerAge = 20;
        Console.WriteLine(
            "读者证号:\t" + Tony.readerID +
            "\n读者姓名:\t" + Tony.readerName +
            "\n读者年龄:\t" + Tony. readerAge);
    }
}
```

例 4-2 的运行结果如图 4-6 所示。

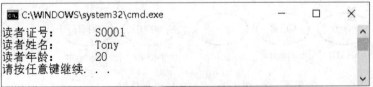

图 4-6　例 4-2 的运行结果

4.2.2　静态字段

与实例字段不同,静态字段表明该字段属于类本身而不属于具体的某一个实例对象,它被所有的实例共享。在默认情况下,类的字段都是实例字段,除非在声明字段时使用了 static 关键字修饰。定义一个静态字段的格式如下:

[访问修饰符] static 数据类型 字段名[= 初始值];

在类的外部访问静态字段时,由于静态字段是属于类的数据成员,因此可在类的外部直接通过类名来引用,而无须创建类的任何实例:

类名.静态字段名

而在类的内部,可以使用上面的访问方法,也可以省略类名而直接使用字段名来访问。但无论在任何地方都不能用类的实例对象来访问静态成员。

【例 4-3】　为读者类 Reader 声明静态字段——读者人数。

图书馆注册的"读者人数"不属于类的某个具体实例的成员,而应该是类本身的成员。因此,应用 static 关键字来修饰数据成员 readerCount,将其定义为静态字段。

```
//4-3.cs
//读者类
class Reader
{
    public static int readerCount;              //静态字段 readerCount
}


//启动类
class _4_3
{
    static void Main()
    {
        Reader Tony = new Reader();
        Reader Rose = new Reader();
        //Rose.readerCount = 2;                  //错误的访问方式
        Reader.readerCount = 2;
        Console.WriteLine("图书馆已注册的读者人数为:"
            + Reader.readerCount.ToString());    //类名 Reader 直接访问
    }
}
```

例 4-3 的运行结果如图 4-7 所示。

图 4-7　例 4-3 的运行结果

在例 4-3 中,我们为读者类 Reader 声明了一个静态字段 readerCount,然后在主函数中通过类名引用该字段。由于 readerCount 是静态字段,该字段就是属于类本身的数据成员,只有一个数据副本,而无论创建了多少个该类的对象。另外,我们需要特别注意静态字段的引用方法:实例字段属于每个类的对象,因此用对象名来引用;而静态字段则使用类名来引用,即使未创建该类的任何对象。

静态字段的内存分配如图 4-8 所示。

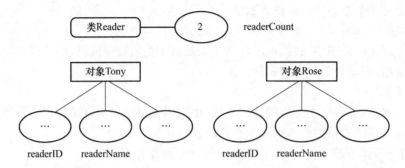

图 4-8　静态字段的内存分配

4.2.3　只读字段

在声明一个字段时,若使用关键字 readonly,则表明该字段是一个只读字段。只读字段只能在声明或者构造函数中进行赋值,而在其他地方无法修改其值。声明格式如下:

［访问修饰符］readonly 数据类型 字段名［ = 初始值］;

比如图书馆管理系统对每位读者的最大借书数量是有限制的。一旦被声明赋值,这个数值一般不再改变,因此可以声明成为只读字段,代码如下所示:

```
class Reader
{
    public readonly int maxBorrowDays = 10;            //借书的最大数量
}
```

若所有的读者都只能最多借 10 本图书,则可以将最大借书数量这个概念从对象的层次提升到读者"类"这一层次,被所有实例对象共享。的确,C # 中允许将只读字段同时声明成为静态字段,声明格式如下:

［访问修饰符］static readonly 数据类型 字段名［ = 初始值］;

```
class Reader
{
    public static readonly int maxBorrowDays = 10;       //借书的最大数量
}
```

在访问只读字段时,和前面讲的一样,如果是静态只读字段,就用类名引用,如果是实例只读字段,就用对象名引用。

4.3　常　　量

在类中,常量是具有常数值的类的数据成员。在声明常量时,需要确定它的值,而之后值不能再被修改。我们可以用关键字 const 来声明类的常量数据成员:

［访问修饰符］const 数据类型 常量名 = 初始值;

说明：

（1）在上面的声明语句中，"初始值"是必须在编译阶段就能确定的值，这与之前我们看到的字段的定义不同。

（2）常量可以是一个简单类型（sbyte、byte、short、ushort、int、uint、long、ulong、char、float、double、decimal、bool）、String 类型或枚举类型的常数，也可以是由其他常量组成的表达式。

（3）如果是某个对象的引用，则初始值只能是 null，而不能指向某一个对象，因为对象只有在运行时才能确定。

常量声明的示例如下：

```
class DateConstance
{
    public const int hours = 24;                    //整型常数
    public const int minutes = hours * 60;          //整型常量表达式
    public const int seconds = minutes * 60;        //整型常量表达式
    public const string monday = "星期一";           //字符串常数
    //public const Reader r = new Reader();          //错误的常量声明,编译时无法确定其值
}
```

如果要声明多个相同类型的常量，我们可以在一条语句中同时声明，中间用逗号隔开：

```
class DateConstance
{
    public const int hours = 24, minutes = hours * 60, seconds = minutes * 60;
}
```

由于常量的值在声明之后就不能再改变了，因此对于该类的所有实例来说，这个常量的值都是相同的。所以这个常量相当于类的成员，而不是对象的成员，虽然它在声明时不能使用关键字 static，但是访问常量的方式和访问静态字段一样：

```
类名.常量名
```

比如，在主函数中访问 DateConstance 类中的常量：

```
class Program
{
    static void Main(string[] args)
    {
        Console.WriteLine("一天有{0}秒", DateConstance.seconds);
    }
}
```

只读字段与常量一旦确定了值以后，就都不能再被修改了，那么应该如何区分各自的应用场合呢？根据只读字段和常量的定义，我们可以得到它们的主要区别，具体如下。

（1）常量只能在声明时赋值；而只读字段可以在声明时赋值，也可以在构造函数中赋值，但以在构造函数中的赋值为最终的值。

（2）常量的值在程序编译时就必须确定，而只读字段的值可以在程序运行时确定。

```
public class Book
{
    public const DateTime BorrowDate = DateTime.Today();     //错误,编译时无法确定常量的值,
```

因为 DateTime.Today()的值要等到运行时才能确定。

```
    }
public class Book
{
    public readonly DateTime BorrowDate = DateTime.Today();  //正确,运行时确定只读字段的值
}
```

如果一个值在整个程序中保持不变,并且在编写程序时就已经知道了这个值,那么就应该使用常量。如果在编写程序时不知道这个值,而是在程序运行时才得到,那么就应该使用只读变量。比如,在编写程序阶段,如果我们可以确定读者"能够借书的最大数量"为 10 本,那么就可以将该字段声明成为常量。但是如果允许系统管理员通过系统选项来更改"能够借书的最大数量",那么该字段的值在编写程序阶段就无法确定,只能在程序运行阶段通过读取相关设置确定,并且一旦确定就不能再更改,因此在这种情况下就需要使用只读字段。

（3）常量虽然不能用 static 关键字修饰,但它默认是类级别的成员;而只读字段可以是类的成员(用 static 关键字修饰),也可以是对象的成员,它允许类的每个实例对象都有不同的值。

4.4　方　　法

方法是类最普通的函数成员。它包含一系列的执行语句,用于实现可以由类或对象执行的计算或操作。一般情况下,方法包括方法声明和方法体。方法声明用来指定方法名称、方法参数等,方法体用来描述该方法使用何种算法和结构来完成操作。类的其他函数成员本质上也是方法。

例如,之前章节都涉及的应用程序的启动方法 Main:

```
public static void Main(string[] args)
{
    //方法体
}
```

4.4.1　方法声明

在 C#中,没有像 C 和 C++中那样的全局函数,每一个方法都必须和类或结构相关。方法在类或结构中声明,需要指定访问修饰符、返回值类型、方法名称和方法参数。其声明的一般格式如下:

```
[访问修饰符] 返回值类型 方法名称([参数列表])
{
    //方法体
}
```

说明:

（1）访问修饰符:5 种访问修饰符的一种。该项可以省略,默认访问权限为 private(私有的)。

（2）返回值类型:方法执行相应操作后返回的值的数据类型。方法的执行不一定要有返回值,但没有返回值并不意味着该项可以省略。如果方法没有返回值,则返回值类型必须为 void。

（3）方法名称：方法名的命名要反映方法的具体含义。例如，PrintResult 的大意就是打印计算结果，规范的方法命名增加了代码的可读性。

（4）参数列表：在方法定义时，参数列表中的参数称为形参（形式参数）。参数列表用来向方法传递参数。参数列表省略时，表示方法没有参数，但是一对小括号不能省略。如果包含多个参数，参数之间需要用逗号分隔。参数列表的声明格式如下：

数据类型 参数 1，数据类型 参数 2，…，数据类型 参数 n

（5）方法体可以为空，但一对大括号不能缺少。

下面的语句声明了两个方法：

1. public int Add(int a , int b){ }

2. void PrintResult(int a , int b){ }

第一条语句用 public 关键字声明了一个公有方法 Add。其返回值类型为 int，并且接收两个 int 类型的参数 a 和 b。第二条语句省略了访问修饰符，默认该方法是私有方法。其返回值类型为 void，表示没有返回值，该方法也接收两个 int 类型的参数 a 和 b。这两个方法的方法体都为空，但仍需要加上一对大括号。

4.4.2　方法体

方法体用来描述方法所要执行的语句序列，包含在一对大括号"{}"中。方法体中可以包含变量的定义、控制语句块以及对其他方法的调用。方法体虽然可以为空，但空的方法没什么作用，因此需要根据方法要实现的具体功能添加方法体。

1. 局部变量

在方法体中定义的变量，一般称为局部变量。它用于临时保存方法体中的计算数据。其定义格式如下：

数据类型 变量名称 [= 初始值];

值得注意的是，局部变量和实例字段都可以保存数据，但它们之间存在较多区别，具体如下。

首先，实例字段在定义时，若不使用初始值对其进行初始化，则系统会将默认值赋值给该字段。而对于局部变量，在引用该局部变量之前，必须显式地对其赋值，否则系统会报错："使用了未赋值的局部变量"。如下面的代码所示：

```
class MyClass
{
    public void Method()
    {
        int i = 1;
        int j;
        int k;
        j = 1;
        Console.WriteLine(i);      //正确,已在定义 i 时赋初值
        Console.WriteLine(j);      //正确,在引用 j 之前已赋值
        Console.WriteLine(k);      //错误,k 未赋值
    }
}
```

其次，局部变量不能用访问修饰符修饰。如下面的代码所示：

```
class MyClass
{
    public int i;                   //正确,实例字段可以用访问修饰符修饰
    public void Method()
    {
        public int j = 1;           //错误,不能用访问修饰符修饰
        int k = 1 ;                 //正确,未使用访问修饰符修饰
    }
}
```

最后,它们的生存周期不同。实例字段的生存周期从实例被创建开始,到实例被销毁时结束。而对于局部变量来说,它的生存周期从定义该变量的语句被执行时开始,到所在的语句块执行完成后结束。如下面的代码所示:

```
class MyClass
{
    public void Div(int a, int b)
    {
        int i = 1;          //定义 i 时,生存周期开始          ┐          ┐
         if (b != 0)                                         │          │ i
         {                                                   │          │ 的
            int k = 0; //定义 k 时,生存周期开始    ┐          │          │ 生
             k = a / b;                            │ k 的生存周期 │      │ 命
        }//k 所在 if 语句块执行结束后,生存周期结束   ┘          │          │ 周
    }//i 所在 Add 方法语句块执行结束后,生存周期结束            ┘          │ 期
}                                                                       ┘
```

2. return 语句

如果方法有返回值,则必须在方法体中使用 return 语句从方法中返回一个值。return 语句的使用方式如下:

```
return 表达式 ;
```

说明:

（1）return 语句会将值返回给方法的调用方。另外,return 语句还会终止当前方法的执行并将控制权返回给调用方,而不管 return 语句后面是否还有其他未执行的语句。例如,下面的两个方法使用 return 语句来返回 2 个整数之和:

```
class MyClass
{
    public int Add(int num1, int num2)
    {
        int Sum = 0;
        Sum = num1 + num2;
        return Sum;                 //将 Sum 的值以及控制权返回给调用方
        Console.WriteLine(Sum);     //此语句不会被执行
    }
}
```

执行完 return 语句之后,方法就会终止,而之后的语句都不会被执行。

（2）return 关键字后面是与返回值类型匹配的表达式（表达式值的类型必须与方法声明的返回值类型相同，或者能通过隐式转换成为返回值类型）。

```
class MyClass
{
    public Double Add(int num1, int num2)
    {
        int Sum = 0;
        Sum = num1 + num2;
        return Sum;
    }
}
```

以上方法返回值类型为 Double 类型，但是 return 语句后的 Sum 是 int 类型。由于 int 类型能够安全转换为 Double 类型，且不会丢失信息，因此程序能够正常运行。

（3）方法体中可以有多条 return 语句，但如果方法有返回值，就必须保证有一条 return 语句必定会执行一次。例如，对于下面的方法，编译器就会报错：

```
class MyClass
{
    public int Div(int num1, int num2)
    {
        if (num2 != 0)
            return num1 / num2;   //该 return 语句不一定会执行
    }
}
```

在上面的方法中，只有当 num2 不等于 0 时，才能保证 return 语句的执行。但该方法必须有一个返回值，因此对于以上方法，编译器会报错："并非所有的代码路径都返回值"。以上方法可以改为：

```
class MyClass
{
    public int Div(int num1, int num2)
    {
        if (num2 != 0)
            return num1 / num2;
        else return 0;
    }
}
```

以上代码能够保证方法体中必执行一次 return 语句。

（4）在没有返回值的方法体中，方法会按照语句的流程执行完成后自动终止。但也可以使用 return 语句来提前停止方法的执行，由于没有返回值，因此省略 return 关键字后的表达式，直接用分号结束。格式如下：

```
return;
```

代码如下所示：

```
class MyClass
```

```
    {
        public void Div(int num1, int num2)
        {
            if (num2 == 0)
                return;                    //如果被除数为0,则用 return 语句停止方法的执行
                Console.WriteLine( num1 / num2);
        }
    }
```

【例 4-4】 编写一个方法,在控制台输出读者的相关信息。

首先,考虑方法应该写在哪个类中,因为读者的信息都在 Reader 类中声明,因此该方法应写在 Reader 类中,作为它的一个函数成员。

其次,考虑方法的声明。

访问修饰符: 由于该方法要供其他类使用,因此可定义为 public。

返回值类型: 该方法只是将读者信息在控制台输出,不需要返回值,因此该项为 void。

方法名称: 当然,将方法命名为"a"或"xyz"都不会出错,但一般要为方法起个有意义的名称,以便于理解。在此使用"Display"。

参数列表: 由于要显示的信息为类的实例字段,在类的内部直接用字段名访问,因此不需要其他参数。

最后,根据方法要实现的功能,设计相应的算法,并用 C♯代码实现。在控制台输出信息,调用 Console 类的 WriteLine 方法即可。代码如下:

```
//4-4.cs
//图书类
class Book{ }


//读者类
class Reader
{
    public string readerID;            //实例字段:读者证号
    public string readerName;          //实例字段:读者姓名
    public int readerAge;              //实例字段:读者年龄
    public Book borrowedBook;          //实例字段:所借图书
    //显示读者信息方法
    public void Display()
    {
        Console.WriteLine(
                "读者证号:\t" + readerID +
                "\n读者姓名:\t" + readerName +
                "\n读者年龄:\t" + readerAge);
    }
}
//启动类
class _4_4
{
    static void Main()
```

```
    {
        Reader Tony = new Reader();
        Tony.readerID = "S0001";
        Tony.readerName = "Tony";
        Tony.readerAge = 20;
        Tony.Display();                    //方法的调用,在 4.4.4 中具体讲解
    }
}
```

例 4-4 的运行结果如图 4-9 所示。

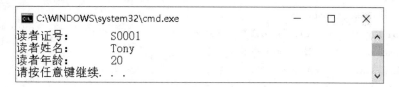

图 4-9 例 4-4 的运行结果

4.4.3 实例方法与静态方法

声明方法时,使用 static 修饰符的方法是静态方法,没有使用 static 修饰符的方法则是实例方法。之前讲到的方法都是实例方法。同字段类似,实例方法属于实例对象,而静态方法则属于类本身。

静态方法除了在声明时与实例方法有区别以外,还在两个方面有区别。一个区别是:在静态方法体中不能引用类的实例成员,只能访问类的静态成员,如下面的代码所示:

```
class MyClass
{
    int i;
    static int j;
    public static void Method()
    {
        i = 1;      //错误,静态方法不能引用实例字段
        j = 1;      //正确,静态方法可以引用静态字段
    }
}
```

另一个区别是在方法的调用方式上,详见下节。

4.4.4 方法调用

除了应用程序的入口方法 Main 之外,其他方法声明之后,并不会自动调用(执行)。要使用这些方法,就需要使用语句去调用。对于实例方法,在方法所在类的外部调用该方法时,由于它是实例对象的成员,因此需要用对象名来引用;而对于静态方法,它属于类本身,因此要用类名来引用。调用的形式分别如下:

    对象名.实例方法名(参数列表)
    类名.静态方法名(参数列表)

而在类的内部,不管是实例方法还是静态方法,都可以用方法名直接调用:

    方法名(参数列表)

说明：

（1）在方法调用时，参数列表中的参数称为实参（实际参数）。

（2）参数匹配：在方法调用时，实参必须与形参相匹配。匹配是指实参与形参的类型（类型相同或能隐式转换）、个数以及顺序必须一致。例如，有以下方法声明：

```
class MyClass
{
    public void Method( int i , string j , bool k){ }
}
```

调用语句：

```
MyClass MC = new MyClass();
int a = 5; string s = "hello"; bool b = false;
MC.Method(a,s);        //错误，参数个数不匹配
MC.Method(s,a,b);      //类型不匹配，s无法隐式转换到 int 类型，a也无法隐式转换为 string 类型
MC.Method(a,s,b);      //正确，实参与形参相匹配
```

（3）如果方法的返回类型是 void，则方法调用表达式就没有值。如果方法的返回类型不是 void，则调用表达式的值就是方法体内 return 语句中表达式的值。例如，有以下方法声明：

```
class MyClass
{
    public void MethodA(){ }
    public int MethodB(){ return 1; }
}
```

调用语句：

```
MyClass MC = new MyClass();
int a,
MC. MethodA();         //正确，作为方法调用语句
a = MC.MethodA();      //错误，MC. MethodA()没有值，无法对变量 a 进行赋值
MC.MethodB();          //正确，作为方法调用语句
a= MC.MethodB();       //正确，调用方法后 MC.MethodB()的值为 1，然后赋值给变量 a
```

4.4.5　参数传递

所谓参数传递是指实参把数据传给形参的方式，或者说是方法调用方与方法之间传递信息的一种方式。上一节只是简单介绍了调用方法时实参应该遵循的规则，然而在实参和形参之间，还存在着一些微妙的关系。在 C#中，参数既可以通过值来传递，也可以通过引用来传递。这两种传递方式有着本质上的区别，只有清楚它们之间的区别，才能在编写程序时做到灵活运用。

1. 值传递

在 C#中，所有的参数都是默认通过值来传递的，除非特别说明。但由于值类型直接存储其值，而引用类型只是存储其值的地址，这就使按值传递分为两种形式：值类型的按值传递和引用类型的按值传递。

值类型的按值传递的本质是：实参将值复制一份传给形参，形参接收实参的值后便不再与实参存在任何联系。在方法中对形参进行修改不会影响到对应的实参，这种传递方式又称为单向传递。

【例 4-5】　值类型的按值传递。

```
//4-5.cs
//启动类
class _4_5
{
    public static void Method(int a)
    {
        a = 100;
    }

    static void Main(string[] args)
    {
        int A = 1;
        Console.WriteLine("调用前实参 A = " + A.ToString());
        Method(A);
        Console.WriteLine("调用后实参 A = " + A.ToString());
    }
}
```

例 4-5 的运行结果如图 4-10 所示。

图 4-10　例 4-5 的运行结果

在 Method 方法中,声明了一个 int 类型的形参。通过调用语句"Method(A);",可将具有初始值 1 的实参 A 传递给形参 a。由于参数类型是值类型,所以该方法的参数按照值类型进行按值传递。参数在进行传递时,实际上是将实参 A 的值 1 复制一份给了形参 a,因此 a 的值也为 1,但之后形参与实参之间就没有任何关系了,在方法体中修改形参 a 的值不会影响到实参 A。当方法执行结束之后,a 的生存周期结束,而运行结果显示 A 的值不变。值类型按值传递的参数内存分配如图 4-11 所示。

图 4-11　值类型按值传递的参数内存分配

而当传递的参数为引用类型时,传递的是指向对象的引用(引用类型的变量包含的是对其数据的引用地址,而不直接包含其数据)。因此,当通过值传递引用类型的参数时,实参将它的"值"(引用的地址)复制一份给形参,则形参就与实参具有相同的"值"。由于参数是引用类型,这就意味着形参和实参引用的是同一个对象。当通过形参修改该对象的成员数据时,会对实参造成影响。

【例 4-6】 引用类型的按值传递。

```
//4-6.cs
class MyClass
{
    public int n = 5;
}


//启动类
class _4_6
{
    public static void Method(MyClass mc)
    {
        mc.n = 100;
    }

    static void Main(string[] args)
    {
        MyClass MC = new MyClass ();
        MC.n = 1;
        Console.WriteLine("调用前 MC.n 的值为:" + MC.n.ToString());
        Method(MC);
        Console.WriteLine("调用后 MC.n 的值为:" + MC.n.ToString());
    }
}
```

例 4-6 的运行结果如图 4-12 所示。

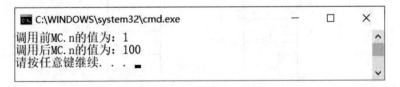

图 4-12　例 4-6 的运行结果

在 Method 方法中,声明了一个 MyClass 类型的形参。通过调用语句"Method(MC);"将实参 MC 传递给形参 mc 时,由于参数类型是引用类型,所以该方法的参数按照引用类型进行按值传递。参数在进行传递之前,语句"new MyClass ()"实例化了一个对象,而 MC 只是作为对象的引用存放了该对象的地址,并不包含该对象的任何实际数据。在进行参数传递时,实际上是将实参 MC 中存放的对象地址复制一份给了形参 mc,因此 mc 中就存放了相同的对象地址,即引用了相同的对象。因此,在方法体中通过形参修改该对象的数据之后,该对象数据会发生"永久"变化。当方法执行结束后,形参 mc 的生存周期结束,但实参 MC 中所存储的仍是原对象地址。正如运行结果所显示的那样,当方法执行结束以后,我们再通过"MC.n"显示该对象的数据成员 n 时,发现它已经发生了变化。引用类型按值传递的参数内存分配如图 4-13 所示。

图 4-13 引用类型按值传递的参数内存分配(一)

但这里要注意,修改形参本身是不会影响到实参的,比如将 Method 的方法体修改如下:

```
public static void Method(MyClass mc)
{
    mc.n = 100;
    mc = new MyClass();
    mc.n = 200;
}
```

引用类型按值传递的参数内存分配如图 4-14 所示。

图 4-14 引用类型按值传递的参数内存分配(二)

图 4-14 中的语句"mc＝new MyClass();"会在托管堆中声明一个新的对象,并让对象引用 mc 指向托管堆中的这个新对象。但是 MC 的指向仍然是不变的。

从例 4-6 和图 4-13 可以得出结论:引用类型按值传递会更改所引用对象的数据(如某类成员的值),但是无法更改引用本身的值,因为引用本身是按值来传递的。

在理解引用类型的按值传递过程时,一定要先理解引用类型的本质——引用类型的变量本身只包含对象的引用地址,它们只给方法传递这个引用地址的副本,而不是对象本身。相反,值类型的对象包含的是实际数据,所以传递给方法的是数据本身的副本。

2. 引用传递

除了按值传递参数之外,C♯还允许按引用的方式来传递参数(注意:"按引用的方式传递参数"和之前讲到的"引用类型按值传递"是不同的)。当使用"引用传递"方式传递参数时,在方法中对形参进行的任意修改都会反映在相应的实参中,这种方式又称双向传递。在 C♯ 中,我们可以用 ref 和 out 关键字来实现引用传递。

(1) ref 关键字

在 C♯ 中通过引用方式传递数据时可以使用关键字 ref。使用方法是:在定义方法时,在需要按引用传递的参数的类型说明符前加上关键字 ref。在调用方法时,在按引用传递的实参之前也要加上关键字 ref。另外,使用 ref 关键字进行引用传递前,实参必须初始化。

【例 4-7】 通过 ref 关键字进行参数的引用传递。

```
//4-7.cs
class MyClass
{
    public int n = 5;
}


//启动类
class _4_7
{
    public static void Method(ref int a,ref MyClass mc)//形参a前用ref修饰,表明该参数按引用传递
    {
        a = 100;                                    //修改值类型形参的值
        MyClass mc1 = new MyClass();
        mc1.n = 200;
        mc = mc1;                                   //修改引用类型形参本身的值
    }
    static void Main(string[] args)
    {
        int x = 1;
        MyClass MC = new MyClass();
        MC.n = 1;
        Console.WriteLine("调用前实参 x 的值为:" + x.ToString());
        Console.WriteLine("调用前实参 MC.n 的值为:" + MC.n.ToString());

        //调用前,参数必须初始化,并且在调用时,实参前也要加上关键字 ref
```

```
        Method(ref x, ref MC);
        Console.WriteLine("调用后实参 x 的值为:" + x.ToString());
        Console.WriteLine("调用后实参 MC.n 的值为:" + MC.n.ToString());
    }
}
```

例 4-7 的运行结果如图 4-15 所示。

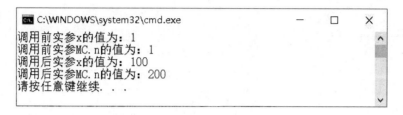

图 4-15　例 4-7 的运行结果

在例 4-7 中,声明了一个方法 Method,它包含两个参数:值类型的参数 a 和引用类型的参数 mc。两个参数都使用 ref 修饰,这表明这两个参数都是按引用传递的。在方法体中,修改了形参 a 和 mc 的值,从运行结果来看,无论是值类型还是引用类型的参数,当按引用传递时,形参值的改变会相应地影响到实参的值。

用 ref 传递参数时的参数内存分配如图 4-16 所示。从图中可以看出,引用传递与值传递的区别在于:当将实参的值传递给形参时,程序并没有为形参在栈中另外开辟存储空间,形参相当于实参的一个"别名"。这样一来,在方法体中对形参进行操作就相当于对实参进行操作。

图 4-16　用 ref 传递参数时的参数内存分配

由此可得出这样的结论:对于复杂的数据类型,若按引用传递参数,效率更高,因为参数在按引用传递时,不需要为参数另外开辟存储空间;而参数按值传递时,必须通过复制大量的数据来得到副本。但正是由于引用传递会修改调用者的数据,这种做法才有一定的风险。

（2）out 关键字

out 关键字同样会使参数通过引用来传递,这与 ref 关键字类似。若要使用 out 关键字,方法定义和方法调用都必须显式使用。

【例 4-8】 通过 out 关键字进行参数的引用传递。

通常情况下，方法只能返回一个值，但是在实际的开发当中，实际的情况可能需要返回多个值的方法。当希望方法返回多个值时，可以将参数按引用来传递。这里以 out 关键字为例。

```csharp
//4-8.cs
class MyClass
{
    public int n = 5;
}


//启动类
class _4_8
{
    public static void Method(out int a, out MyClass mc)
    {
        a = 100;              //修改值类型形参的值
        mc = new MyClass();
        mc.n = 100;           //修改引用类型形参本身的值
    }
    static void Main(string[] args)
    {
        int x;
        MyClass MC = new MyClass();
        //调用前，参数可以不用初始化；在调用时，实参前也要加上关键字 out
        Method(out x, out MC);
        Console.WriteLine("方法调用后 x = " + x.ToString() + " MC.n = " + MC.n.ToString());
    }
}
```

例 4-8 的运行结果如图 4-17 所示。

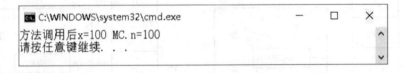

图 4-17　例 4-8 的运行结果

关键字 ref 和 out 都可以用于参数的引用传递，并且都适合返回多个值。它们的不同之处在于哪个方法负责初始化参数。如果一个方法的参数被标识为 ref，那么调用代码在调用该方法之前必须先初始化参数。被调用的方法可以在方法体中对该参数的值进行读取或修改。而如果一个方法的参数被标识为 out，那么调用代码在调用该方法之前可以不初始化该参数。实际上，即使在调用前对该参数进行了初始化，在进行传递时，该值也会被忽略。如果将上例中 Method 方法体修改如下，则会出现编译错误：

```csharp
public static void Method(out int a)
{
```

```
        Console.WriteLine(a.ToString());   //错误:引用未赋值的参数 a
}
static void Main(string[] args)
{
        int x = 1;                          //初始化实参 x
        Method(out x);
}
```

以上代码在编译时会报错:"使用了未赋值的 out 参数 a"。由此可见,参数 x 的值没有传递给形参 a。因此,在方法内部,out 参数和方法内的局部变量一样,在引用前必须先为其赋值。

另外,在方法返回之前,还必须为 out 参数赋值。如果将上例中的 Method 方法体修改如下,则会出现编译错误:

```
public static void Method(out int a, out MyClass mc)
{
        mc = new MyClass();
        mc.n = 100;                         //修改引用类型形参本身的值
}
```

由于在方法体内没有为参数 a 赋值,因此,编译代码时会报错:"控制离开当前方法之前必须对 out 参数 a 赋值"。

由此可以得出结论:out 参数不能将值带入方法体,而只能将值带出方法体。

3. params 关键字

在某些情况下,当我们为方法定义参数时,无法确定参数的个数。比如,如果要实现多个整数的累加,我们希望输入几个整数时就能得到这几个整数的和。由于在程序编写阶段无法预知用户输入的整数个数,因此我们无法确定该方法参数的个数。

params 关键字提供了实现此类应用的功能:为方法定义一个接受可变数目参数的方法。例如,.NET 类库中的 System.String 类型提供的方法 String.Concat 就允许我们将任意个数的字符串连接在一起,使用起来非常方便,如 String.Concat("a","b","c")和 String.Concat("a","b","c","d","e")(结果分别为"abc"和"abcde")都是合法的调用。

params 关键字的定义如下:

```
方法修饰符   返回类型   方法名(params   类型[]   变量名)
{
        //方法体
}
```

说明:

params 参数也称为参数数组,当我们要声明参数数组时,要注意以下几个方面:

(1)在方法声明的参数列表中,最多只能出现一个参数数组,并且该参数数组必须位于形参列表的最后;

(2)参数数组必须是一维数组;

(3)与参数数组对应的实参可以是任意多个与该数组的元素属于同一类型的变量,也可以是同一类型的数组;

(4)不允许将 params 修饰符与 ref 和 out 修饰符组合起来使用。

【例4-9】 通过 params 关键字实现多个整数的累加。

```
//4-9.cs
class MyClass
{
    public int Add(params Int32[] nums)
    {
        int sum = 0;
        for (int i = 0; i < nums.Length; i++)
            sum += nums[i];
            return sum;
    }
}


//启动类
class _4_9
{
    static void Main(string[] args)
    {
        int sum = 0;
        MyClass mc = new MyClass();
        sum = mc.Add(1, 2, 3);                          //传递3个整型值
        Console.WriteLine("计算结果为:" + sum.ToString());
        sum = mc.Add(1, 2, 3, 4, 5);                    //传递5个整型值
        Console.WriteLine("计算结果为:" + sum.ToString());
        sum = mc.Add(new int[] { 1, 2, 3, 4, 5 });      //传递整型数组
        Console.WriteLine("计算结果为:" + sum.ToString());
    }
}
```

例4-9的运行结果如图4-18所示。

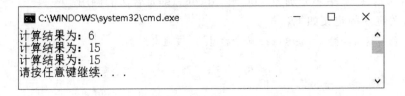

图 4-18 例 4-9 的运行结果

在例 4-9 中，类 ParamsParamPass 中声明了一个 Add 方法，它声明了一个 Int32 类型的参数数组。我们在调用该方法时，可以传递一个整型数组 Add(new int[]{1,2,3,4,5})。但是这种调用方法看起来不太简洁，我们更希望用这样的方式来调用 Add 方法：Add(1,2,3,4,5)，之所以可以这样做，正是因为 params 关键字。

在进行 Add 方法调用时，我们来看看编译器是如何处理这次调用的：编译器会在对象 mc 中检查不包含 params 参数的所有方法，如果存在一个不包含 params 参数的 Add 方法，并且参数能够匹配，编译器就会调用该方法，否则会查找对象 mc 中包含 params 参数的方法，看其

是否能够满足调用。如果满足,则需要先构造一个整型数组,然后用指定的元素来填充数组,最后生成调用 Add 方法的代码。由此可以看出,我们在向带有 params 参数的方法传递该参数时,传递一个数组和传递多个值的本质是相同的,只不过传递多个值更加简洁,可读性更强。

4.4.6 方法重载

介绍方法重载前,先介绍方法签名的概念。方法签名是指方法的名称和参数列表(参数的数目、顺序、类型)。在同一个类中,每个方法的签名必须是唯一的。类中允许出现同名的方法,只要成员的参数列表不同即可。如果类中有两个或多个方法具有相同的名称和不同的参数列表,则称这些同名方法实现了方法重载(Overload)。

因此,构成重载的方法之间除了要满足方法名称相同之外,还必须满足以下条件之一:

(1) 参数的数目不同;

(2) 相同位置上参数的类型不同;

(3) 参数的修饰符不同,用 ref 或 out 修饰。

重载导致了同一个类中有一个以上的同名方法,因此,在调用时,编译器会根据实参的数目、类型等在重载方法中自动匹配具有相同方法签名的方法。

【例 4-10】 方法的重载。

```
//4-10.cs
class MyClass
{
    public int Add(int a, int b)
    {
        return  a + b;
    }

    public int Add(int a, int b, int c)          //参数数目不同,形成重载
    {
        return  a + b + c;
    }
    public double Add(double a, double b)        //参数类型不同,形成重载
    {
        return  a + b;
    }
    public int Add(ref int a, int b)             //参数修饰符 ref,形成重载
    {
        return  a + b;
    }
}

//启动类
class _4_10
{
    static void Main(string[] args)
```

```
    {
        MyClass mc = new MyClass();
        //调用第一个重载方法
        Console.WriteLine("两数之和为:" + mc.Add(1, 2));
        //调用第二个重载方法
        Console.WriteLine("两数之和为:" + mc.Add(1, 2, 3));
        //调用第三个重载方法
        Console.WriteLine("两数之和为:" + mc.Add(1.1, 2.2));
        int num = 4;
        //调用第四个重载方法
        Console.WriteLine("两数之和为:" + mc.Add(ref num, 3));
    }
}
```

例 4-10 的运行结果如图 4-19 所示。

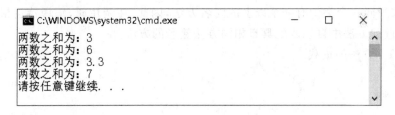

图 4-19　例 4-10 的运行结果

从例 4-10 的运行结果可以看出,依据不同的参数列表,编译器选择了最合适的调用方法。注意,以下几种情况不能实现 Add 方法的重载。

(1) 参数名称不同:public int Add(int x,int y)。

(2) 返回值类型不同:public long Add(int a,int b)。

(3) 仅 ref 和 out 不同:public int Add(out int a,int b),这个方法声明被认为和 public int Add(ref int a,int b)具有相同的方法签名。

4.4.7　方法递归

在一个方法的方法体中,除了可以调用其他方法之外,还可以调用自身。在方法体中调用自身就形成了方法的递归调用。

比如求一个整数 n 的阶乘 n!,我们知道它的计算方式如下:

$$n! = n * (n-1)!$$
$$= n * (n-1) * (n-2)!$$
$$= n * (n-1) * (n-2) * \cdots * 2!$$
$$= n * (n-1) * (n-2) * \cdots * 2 * 1$$

可见,n 的阶乘等于 n 乘以 n−1 的阶乘,而进一步求 n−1 的阶乘时,又转化为求一个数的阶乘问题,只不过这个数从 n 变成了 n−1。这样递归下去,直到变成求 1 的阶乘为止,就可以一步步回溯,得到 n 的阶乘。因此,我们只需要定义一个方法:求一个数的阶乘。

【例 4-11】　求 n!。

```
//4-11.cs
//启动类
class _4_11
{
    public static long Factorial(int n)
    {
        if (n == 1)                    //递归方法的回溯条件
            return 1;
        else
            return n * Factorial(n - 1);//调用自身,形成递归
    }
    static void Main(string[] args)
    {
        Console.WriteLine("请输入 n 的值:");
        int n = Convert.ToInt32(Console.ReadLine());
        Console.WriteLine(n + "!=" + Factorial(n));
    }
}
```

例 4-11 的运行结果如图 4-20 所示。

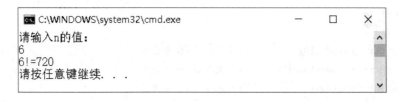

图 4-20　例 4-11 的运行结果

　　任何递归都必须至少具备一个能够返回的条件,当满足这个条件时,递归就进行回溯,这个条件叫作递归出口。如果没有递归出口,那么递归方法将一层一层永远嵌套调用下去,从而导致系统崩溃。在上面求阶乘的例子中,递归出口就是:当 n=1 时,返回 1,此后进行递归方法的回溯。

　　在方法体中调用自己与调用其他方法的机制是相同的,只不过这种方式看起来似乎有些别扭,因为一般情况下,方法应遵循"先定义,再调用"的原则。而在写递归方法时,该方法还未写完就调用了自己。但递归方法在一些场合是非常有用的,例如,当我们希望遍历计算机的某个磁盘或某个文件夹时,递归就显得非常有效。不过在使用递归时也要注意,如果递归的层次结构很深的话,将会占用大量的内存,使得系统性能下降。

4.5　构造函数与析构函数

　　构造函数是一类特殊的方法,用于初始化类和创建类的实例。而析构函数与之相对,它包含的是在销毁类的实例时要执行的操作。构造函数若用于初始化类,则称为静态构造函数;若用于创建和初始化类的实例,则称为实例构造函数。

4.5.1　实例构造函数

实例构造函数用于创建和初始化实例。在任何时候，只要创建了一个类的新实例，编译器就会自动调用实例构造函数。

实例构造函数的声明格式如下：

```
[访问修饰符] 类名(参数列表)
{
    //构造函数实现代码
}
```

从以上代码可以看出，实例构造函数和类中其他的方法很像，但又有以下不同。

（1）实例构造函数名称必须与类名相同，并且一个类可以有一个或多个实例构造函数。若在一个类中设计多个实例构造函数，由于实例构造函数的名称都相同，因此需要注意它的重载形式。

（2）实例构造函数不能有返回值。注意，不能有返回值和没有返回值（返回值为 void）是有区别的。

实例构造函数可以像普通方法一样声明参数，通过传入的参数完成对象的初始化工作。

【例 4-12】　声明读者类 Reader 的实例构造函数。

```
//4-12.cs
//读者类
class Reader
{
    public string readerID;          //实例字段:读者证号
    public string readerName;        //实例字段:读者姓名
    public int readerAge;            //实例字段:读者年龄

    //无参实例构造函数
    public Reader()
    {
        Console.WriteLine("实例构造函数被调用执行");
    }

    //带参实例构造函数
    public Reader(string id, string name)
    {
        readerID = id;
        readerName = name;
        Console.WriteLine("带参实例构造函数被调用执行"
            + "\n读者证号:" + readerID + "\t读者姓名:" + readerName);
    }
}

//启动类
class _4_12
```

```
{
    static void Main(string[] args)
    {
        Reader reader = new Reader();
        Reader reader1 = new Reader("S0001", "Tony");
    }
}
```

例 4-12 的运行结果如图 4-21 所示。

例 4-12 中 Reader 类添加了两个构造函数,一个是不带参数的实例构造函数,另一个是带两个参数的实例构造函数。在创建 Reader 的实例 reader 和 reader1 时,系统会自动根据实例构造函数的重载形式对相应的实例构造函数进行调用,从而实现对实例的初始化。

图 4-21 例 4-12 的运行结果

4.5.2 this 关键字

this 关键字有两个作用:一是利用 this 关键字表示当前实例,从而引用其成员;二是在声明构造函数时,调用自身的构造函数。

1. 用 this 关键字访问实例成员

考虑上一节中带有两个参数的构造函数:

```
public Reader(string id,string name)
{
    readerID = id;
    readerName = name;
    Console.WriteLine("带参构造函数被调用执行"
            + "\n 读者证号:" + readerID + "\t 读者姓名:" + readerName);
}
```

假如构造函数的形参声明如下:

```
public Reader(string readerID,string readerName)
```

则形参的名称和类中声明的字段名称相同,此时就会出现问题,例如,当使用赋值语句"readerID=readerID;"进行赋值时,系统会把这两个 readerID 都识别为形参,而不会把赋值表达式左边的 readerID 当作字段来处理。这个问题可以使用 this 关键字解决。

this 关键字在类中使用,表示对当前实例的引用。用 this 指代类的当前实例,可以区分实例成员与其他同名变量。由于 this 是引用的当前实例,因此它只能出现在实例函数成员中,而不能用在静态函数成员中。

以上构造函数可以改为如下形式:

```
public Reader(string readerID,string readerName)
{
```

```
        this.readerID = readerID;
        this.readerName = readerName;
    }
```

由于 this 是引用的当前实例，因此，系统会把"this. readerID"中的 readerID 识别为实例字段，而把赋值表达式右边的 readerID 识别为形参，从而消除了歧义。

2. 调用自身的构造函数

在声明构造函数时，我们可以用 this 关键字来调用自身的其他构造函数，一般格式如下：

［访问修饰符］类名（参数列表）:this（参数列表）
{
　　//构造函数实现代码
}

当调用该构造函数时，先执行该类中与"this（参数列表）"中参数列表相匹配的构造函数。

【例 4-13】 调用自身的构造函数。

假如要为 Reader 类增加一个带有 3 个参数的构造函数，以初始化读者实例的读者证号、读者姓名和读者年龄，我们可以声明一个如下的构造函数：

```
public Reader(string id, string name,int readerAge)
{
    readerID = id;
    readerName = name;
    this.readerAge = readerAge;
}
```

这种做法是没有问题的，只是代码显得不够简洁，重复实现了相同的功能。因为该构造函数的功能只是在构造函数 public Reader(string id,string name)的基础上增加了对读者年龄进行初始化的功能而已，所以我们可以在定义新的构造函数时使用 this 关键字调用 public Reader(string id,string name)这个构造函数。实现代码如下：

```
//4-13.cs
//读者类
class Reader
{
    public string readerID;            //实例字段:读者证号
    public string readerName;          //实例字段:读者姓名
    public int readerAge;              //实例字段:读者年龄
    public Reader(string id, string name)
    {
        readerID = id;
        readerName = name;
        Console.WriteLine("带参构造函数被调用执行");
    }
    //用 this 调用上面带有两个参数的构造函数
    public Reader(string id, string name,int readerAge) : this(id, name)
    {
        this.readerAge = readerAge;
        Console.WriteLine("读者证号:" + readerID + "\t读者姓名:" + readerName +
        "\t读者年龄:" + readerAge);
```

```
        }
    }

//启动类
class _4_13
{
    static void Main(string[] args)
    {
        Reader reader = new Reader("S0001","Tony" ,20);
    }
}
```

例 4-13 的运行结果如图 4-22 所示。

图 4-22　例 4-13 的运行结果

从运行结果可以看出,当使用语句"new Reader("S0001","Tony",20)"初始化读者实例时,程序会根据参数列表匹配到具有 3 个参数的构造函数"public Reader(string id,string name,int readerAge):this(id,name)"。由于该构造函数又使用 this 关键字调用了自身的构造函数"public Reader(string id,string name)",因此,程序会先用实参"S0001"和"Tony"初始化读者的读者证号和读者姓名,然后再用"20"初始化读者的年龄。

4.5.3　默认构造函数

在之前的例子(如例 4-2)中,声明的 Reader 类中没有声明构造函数,但在使用语句"new Reader()"创建 Reader 类的实例时,程序仍然能够正确运行。这是因为在声明一个类时,如果未声明任何实例构造函数,编译器会自动给该类提供一个默认构造函数,以便该类可以实例化。

默认构造函数除了方法名与类名相同并且没有返回值以外,还有以下特征:不带参数;方法体为空。

例如,Reader 类的默认构造函数如下:

```
class Reader
{
    public Reader()
    {
    }
}
```

如果在类中定义了一个或多个实例构造函数,那么编译器将不会为该类定义默认构造函数。

比如,类 Reader 声明如下:

```
class Reader
{
    public Reader(int readerAge)          //实例构造函数
    {
    }
}
class Program
{
    static void Main(string[] args)
    {
        Reader reader = new Reader();   //错误
    }
}
```

由于 Reader 类中已经存在一个实例构造函数，因此编译器不会再为 Reader 创建默认构造函数。但主函数试图用不带参数的构造函数为 Reader 类实例化一个对象 reader，由于 Reader 中没有不带参数的构造函数，所以编译器会产生一条错误信息。

4.5.4　静态构造函数

静态构造函数用于初始化静态数据成员，或用于执行仅需执行一次的特定操作。在创建第一个实例或引用任何静态成员之前，系统将自动调用静态构造函数。

实例构造函数用来创建和初始化类的新实例，在每次生成一个新的类实例时，相应的实例构造函数都会被调用。然而类中的有些字段并不需要每生成一个实例时都初始化一次，相反的，某些数据只需要执行一次特定的初始化。这就需要使用静态构造函数。

静态构造函数具有以下特点。

（1）不能使用访问修饰符。

（2）没有参数。

（3）自动被调用（在创建第一个实例或引用任何静态成员之前）。

（4）无法直接调用。

为 Reader 类定义静态构造函数，以初始化类的成员，代码如下。

```
class Reader
{
    public static int readerCount;        //注册的读者人数
    static Reader()                       //不能使用访问修饰符，没有参数
    {
        readerCount = 1000;
    }
}
```

上述代码为 Reader 类定义了一个静态构造函数，以初始化静态成员 readerCount。该静态构造函数不能被显式地调用。

4.5.5　析构函数

析构函数主要用于执行销毁类的实例时需要的操作，并且释放其所占用的内存。和构造

函数相同的是,析构函数的名称也与类名一样,不过在析构函数的名称前要加上"～"符号。除此之外,析构函数还具有以下特征。

(1)每个类只能声明一个析构函数。

(2)析构函数没有参数。

(3)析构函数不能用访问修饰符修饰,也不能用 static 关键字修饰。

(4)析构函数不能被显式地调用。它何时被调用是由.NET 的垃圾回收机制所决定的。只有该实例不被程序的任何位置所使用,析构函数才会被自动调用。

【例 4-14】 为 Reader 类增加析构函数。

```
//4-14.cs
//读者类
class Reader
{
    static Reader()                    //静态构造函数
    {
        Console.WriteLine("静态构造函数被调用");
    }
    public Reader()                    //实例构造函数
    {
        Console.WriteLine("实例构造函数被调用");
    }
    ～Reader() //析构函数
    {
        Console.WriteLine("析构函数被调用");
    }
}


//启动类
class _4_14
{
    static void Main()
    {
        Reader reader = new Reader(); //实例被创建,静态构造函数和实例构造函数被先后调用
    }                                //程序结束,实例不被引用,析构函数被调用
}
```

例 4-14 的运行结果如图 4-23 所示。

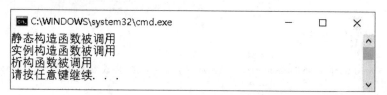

图 4-23 例 4-14 的运行结果

从例 4-14 的运行结果可以看出,构造函数和析构函数的调用规则如下。

（1）静态构造函数和析构函数都未被显式调用，而是被自动调用。静态构造函数是在创建第一个实例时被自动调用，而析构函数是当实例不再被程序中任何位置所引用时被自动调用。

（2）实例构造函数需要被显式调用。

（3）调用的顺序为：静态构造函数、实例构造函数、析构函数。

4.6 属　　性

4.6.1　常规属性

在类中，我们可以定义一些能被外部代码读取或者修改的数据成员（使用 public 关键字修饰），正如在声明读者类 Reader 时那样，我们采用了如下声明：

```
class Reader
{
    public string readerName;
    public int readerAge;
}
```

有了以上类的声明，我们就可以创建该类的实例，并对它的数据成员进行读取和修改：

```
Reader Tony = new Reader();
Tony.readerName = "Tony";
Tony.readerAge = 20;
```

这种做法理论上是没有任何问题的，但是却不建议使用这种方法，因为它没有很好地实现类的封装性。由于字段被声明成为公有的，因此在类的外部代码中就可以没有任何限制地读取和修改这些字段，但这样会破坏对象的状态。比如下面的做法：

```
Tony.Age = -5;    //显然一个人的年龄不可能是负数
```

基于上述理由，建议在设计类时，不要将字段的访问权限设为公有的方式，而是设为私有的方式，或者至少是被保护的方式。之后再声明一系列的公有方法，外部代码可以通过调用这些方法对类的字段进行读取或修改。比如，我们对前面的类进行改写：

```
class Reader
{
    private string readerName;          //私有字段:读者姓名
    private int readerAge;              //私有字段:读者年龄

    public string GetReaderName()       //公有方法,读取私有字段 readerName
    {
        return readerName;
    }
    public void SetReaderName(string value)  //公有方法,修改私有字段 readerName
    {
        readerName = value;
    }
    public int32 GetReaderAge()         //公有方法,读取私有字段 readerAge
```

```
    {
        return readerAge;
    }
    public void SetReaderAge(int32 value)        //公有方法,修改私有字段 readerAge
    {
        if (value <= 0 || value > 0)
        {
            Console.WriteLine("年龄必须介于 0—120 之间");
            return;
        }
        readerAge = value;
    }
}
```

对于这个改进的类的声明,我们可以以一种安全的方式对类的字段进行访问,比如修改年龄:

```
r.SetReaderAge (20);                              //修改成功
r.SetReaderAge (-5);                              //提示错误
```

这种做法虽然解决了问题,但是需要编写更多的代码。如果类的字段比较多,类的声明就会变得很臃肿。C#语言为我们提供了一种更加简洁的方式来实现这一功能——属性。我们可以通过属性来实现对私有字段的访问。属性的定义方式如下:

```
[访问修饰符]数据类型 属性名
{
    [ get { //方法体 } ]
    [ set { //方法体 } ]
}
```

属性的声明头部和字段的声明类似,只是由于属性是提供给外部访问该类私有成员的"窗口",因此属性的访问权限一般定义成为公有的。一个属性的内部可以包含一个 get 代码段和一个 set 代码段,分别称为 get 访问器和 set 访问器。属性中必须至少包含一种访问器。

get 访问器本质上是一个具有属性类型返回值的无参数的方法。在方法体内,get 访问器提供读取相关私有字段的代码。由于需要一个具有属性类型的返回值,因此在 get 访问器中一定要用 return 语句返回一个可隐式转换为属性类型的值。当在类外部使用表达式引用一个属性时,get 访问器中的代码将会被自动调用。

set 访问器实质上是一个无返回值、带有一个属性类型参数的方法。在方法体内,set 访问器提供设置相关私有字段的值的代码。与普通方法不同的是,set 访问器没有显式的形参,而是在以其隐式包含的一个名为"value"的局部变量为形参,为属性进行赋值的"新值"作为实参传递给形参 value。当在类外部使用表达式给一个属性进行赋值时,set 访问器中的代码将会被自动调用。

除了可以让代码简洁一些以外,属性的访问方式也比较特别。虽然属性本质上是方法,但我们可以像访问字段那样来访问属性:

```
对象名.属性名
```

【例 4-15】 为 Reader 类添加常规属性。

```
//4-15.cs
//读者类
class Reader
{
    private string readerName;        //私有字段:读者姓名
    private int readerAge;            //私有字段:读者年龄
    public string ReaderName          //常规属性,用来读写私有字段 readerName
    {
        get{return readerName;}
        set{readerName = value;}
    }
    public int ReaderAge              //常规属性,用来读写私有字段 readerAge
    {
        get { return readerAge; }
        set
        {
            if (value > 1 && value < 120)
                readerAge = value;
        }
    }
}

//启动类
class _4_15
{
    static void Main(string[] args)
    {
        Reader Tony = new Reader();
        Tony.ReaderName = "Tony";
        Tony.ReaderAge = 20;
        Console.WriteLine("读者姓名:" + Tony.ReaderName);
        Console.WriteLine("读者年龄:" + Tony.ReaderAge);
    }
}
```

例 4-15 的运行结果如图 4-24 所示。

图 4-24　例 4-15 的运行结果

在例 4-15 中，Reader 类的内部声明了两个常规属性，并在常规属性的内部分别提供了 get 访问器和 set 访问器，以对两个相应的私有字段进行读和写。在主函数中，当通过语句

"Tony. ReaderName＝"Tony";"为属性 ReaderName 进行赋值时,程序会将新值"Tony"作为实参传递给 set 访问器中的 value,并自动调用其 set 访问器中的代码,最终实现对私有字段 readerName 的修改。当通过表达式"Tony. ReaderName"读取属性 ReaderName 值的时候,程序将自动调用其 get 访问器中的代码,并将得到的返回值作为属性 ReaderNamed 的值。另外,常规属性 ReaderAge 的读写也是如此。

4.6.2 自动属性

C♯3.0 中引用了自动属性,它可以使我们编写的代码更加简洁。

当属性访问器中只需要完成最简单的逻辑时,即简单地返回私有字段的值和将新值赋值给私有字段:

```
get{ return 私有字段的值; }              //直接返回私有字段的值
set{ 私有字段的值 = value; }             //直接将 value 的值赋值给私有字段
```

我们就可以使用自动属性。使用自动属性时,我们可以不用声明与属性相关联的私有字段,另外,我们不用提供属性访问器的方法体,直接用一个分号代替即可。比如,我们将例 4-15 中 Reader 类的代码修改如下:

```
class Reader
{
    public stringReaderName{ get; set;}    //自动属性:读者姓名

    private int readerAge;              //私有字段:读者年龄
    public int ReaderAge               //常规属性:读者年龄
    {
        get { return readerAge; }
        set
        {
            if (value > 1 && value < 120)
                readerAge = value;
        }
    }
}
```

上面的代码中使用了自动属性 ReaderName。对于该属性,编译器将为它自动创建一个私有的匿名后备字段,该字段只能通过属性的 get 访问器和 set 访问器进行访问。

对于读者年龄 ReaderAge,我们不能使用自动属性,因为在 ReaderAge 中的 set 访问器中,并不是简单地将新值通过 value 赋值给私有字段,而是需要进行稍微复杂一些的逻辑判断。

4.6.3 只读与只写属性

类中的有些字段,我们只能读取而不能修改;类中还有一些字段,我们可能只能修改而不能读取。因此属性中可以只包含 get 访问器,也可以只包含 set 访问器,从而实现只读属性和只写属性。

只读属性非常常见,比如,一些由计算得到的数据通常情况下都是只读属性。因为它们的

值不能随便设置，只能通过其他字段计算得到，否则就会产生数据不一致的情况。比如通过出
生日期得到年龄、通过半径得到面积等，代码如下所示：

```
class Reader
{
    private DateTime bornDate;          //私有字段:出生日期
    public int Age                      //只读属性:年龄。根据出生日期计算得到读者年龄
    {
        get { return DateTime.Today.Year - bornDate.Year; }
    }
}
class Circle
{
    const double PI = 3.14;             //常量 π
    private double r;                   //半径 r
    public double Area                  //只读属性,计算得到圆的面积
    {
        get { return PI * r * r; }
    }
}
```

自动属性必须同时声明 get 访问器和 set 访问器。若要创建只读自动实现属性，只能通过
在 set 访问器前加 private 关键字修饰来实现。只读自动属性的声明如下：

```
public string ReaderName{ get; private set;}//只读自动属性
```

4.7 索引器

在上一节中，属性的访问器方法不接受任何参数，对属性的访问方式与对字段的访问方式
很相似。在 C♯ 的索引器中，也可以定义 get 访问器和 set 访问器，与属性的访问器不同的是，
索引器的访问器可以接收一个或者多个参数。比如，类型 String 中就定义了一个索引器，它
接受一个 Int32 类型的参数 index，允许我们得到一个在字符串中处于 index 位置的单个字符。
比如：

```
String Str = "abcd";
```

那么，表达式 Str[0]的含义就是取出字符串 str 中的第一个字符元素"a"，这种访问方式
非常清楚、自然。我们也可以在一个类中声明一个索引器，与属性相同，它也可以包含一个
get 访问器方法和一个 set 访问器方法，但是声明的头部有所不同：

（1）名称要用 this 关键字；

（2）包含参数，并且参数要用一对方括号"[]"括起来，索引器可以用类似于访问数组的语
法来访问它，格式为

```
对象名[实参];
```

【例 4-16】 声明一个读者列表类，为其添加索引器，并通过索引器得到相应的读者对象。

```
//4-16.cs
//读者类
class Reader
```

```
{
    public string ReaderID { get; set; }            //常规属性：读者证号
    public string ReaderName { get; set; }          //常规属性：读者姓名
    public Reader(string id, string name)           //构造函数
    {
        ReaderID = id;
        ReaderName = name;
    }
}


//读者列表类
class ReaderList
{
    private Int32 readerCount;                       //读者的人数
    private Reader[] readerArray;                    //用来存放读者对象的数组
    public ReaderList(Int32 readerNum)              //构造函数
    {
        readerCount = readerNum;                     //得到读者数量
        readerArray = new Reader[readerCount];      //初始化内部数组
    }

    public Reader this[Int32 i]                      //索引器声明
    {
        get{ return readerArray[i];}                 //返回第 i 个读者信息
        set{ readerArray[i] = value;}                //修改第 i 个读者信息
    }
}


//启动类
class _4_16
{
    static void Main(string[] args)
    {
        //用带参构造函数初始化读者列表类
        ReaderList rList = new ReaderList(3);
        //声明 3 个读者实例
        Reader r0 = new Reader("R0001", "Tony");
        Reader r1 = new Reader("R0002", "Rose");
        Reader r2 = new Reader("R0003", "Jack");
        //调用索引器的 set 访问器方法加入 3 位读者信息
        rList[0] = r0;
        rList[1] = r1;
        rList[2] = r2;
        Console.WriteLine("读者列表中有 3 位读者：");
```

```
        for (Int32 i = 0; i < 3; i++)
        //调用索引器的 get 访问器方法读取 3 位读者信息
        Console.WriteLine("读者证号:" + rList[i].ReaderID + "读者姓名:" + rList[i].ReaderName);
    }
}
```

例 4-16 的运行结果如图 4-25 所示。

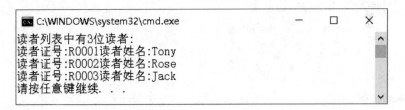

图 4-25 例 4-16 的运行结果

在例 4-16 中，类 ReaderList 的索引器接受一个 Int32 类型的参数 i。如果未声明索引器，那么要取得第 i 个读者对象信息，需要使用表达式"rList. readerArray[i]"（需将数组 readerArray 声明成为 public），而有了索引器，则使用"rList[i]"即可，这种方式更加简洁，也更加直观。

索引器必须至少有一个参数，也可以有多个。这些参数（以及返回值）可以为任何类型，并且在一个类中，可以定义多个重载的索引器，只要它们的参数个数或参数类型不同即可。比如，在例 4-16 的 ReaderList 类中，还可以再定义一个按读者证号来获取读者信息的索引器：

```
public Reader this[string readerID]    //按照读者证号来索引读者对象
{
    get
    {
        for (Int32 i = 0; i < readerCount; i++)
        {
            if (readerArray[i].ReaderID == readerID)
                return readerArray[i];
        }
        return null;
    }
}
```

在调用时，我们可以用表达式"rList["R0003"]"来得到读者证号为 R0003 的读者对象。

4.8 命名空间

4.8.1 为什么要使用命名空间

在设计类的过程中，类的名称会不可避免地出现相同的情况。然而在一个应用程序中出现同名的类（若不使用命名空间）是不被允许的，否则编译器会报错：命名空间"xxx"已经包含了 Tony 的定义，如下面的代码所示：

```
class Tony{ }
class Tony{ }
```

上述代码中,创建了两个同名的类 Tony。这就如同一个班级中存在两个同名的同学 Tony,当我们点名时(在其他地方通过类名来引用类 Tony,比如实例化一个 Tony 的对象),不知道具体指的是哪一个 Tony,这时问题就出现了。

也许你会有这样的疑惑:我在设计类的时候注意不出现相同类名的类不就可以了? 问题在于,我们可以保证在自己的程序当中不出现同名的类,但是稍微复杂一点的系统都是由团队(多个开发人员)来完成的,我们能保证其他开发人员设计的类一定不会与我们自己的类同名吗? 当然,我们可以在开发团队内部约定类名命名的规则,从而避免类名相同的情况。但是在实际的开发过程中,系统还可能会用到一些开源的或商业的组件,这些组件中的类也很有可能与我们的类同名,这个时候问题就又出现了。仿佛一个简单的类名问题始终在困扰着我们,然而使用命名空间便可以解决此类难题。

命名空间可以把类进行分组,并给它们一个名称,称为命名空间名称。命名空间名称应该体现命名空间的内容并和其他命名空间名称相区别。可见,命名空间起到了划分类、区分类的作用。

避免类同名是我们使用命名空间最重要的原因。同时,如果我们使用命名空间对众多的类进行合理的划分,则可以极大提高代码的可读性和维护性,即使我们的系统中没有同名类。

使用命名空间的思想去类比解决班内同名的问题:如果我们在分班(划分类)时,将两个 Tony(类)分别放到不同的班级(命名空间)中,并且分别给班级一个名称(命名空间名称):一班、二班,那么在点名(引用类)时,就不会混淆一班的 Tony 和二班的 Tony 了。

4.8.2 创建和使用命名空间

程序开发中,创建和良好地使用命名空间,对开发和维护都是有利的。在.NET 类库中,定义命名空间使用关键字 namespace,语法格式如下所示:

```
namespace 命名空间名称
{
    //类的声明
}
```

同样,命名空间成员也可以通过"."号访问:命名空间名称.类名。

示例代码如下所示。

```
namespace ClassRoom1          //命名空间:一班
{
    public class Tony{ }
}
namespace ClassRoom2          //命名空间:二班
{
    public class Tony{ }
}
```

引用类时,通过命名空间名称进行限定,比如,访问一班的 Tony 类的代码如下:

```
ClassRoom1. Tony
```

命名空间还可以嵌套,创建两层或多层命名空间。这样可以使众多的类具有合理的层次。

我们将之前的例子进行一些变动:假如之前的两个 Tony 是大一的学生,一年之后,又有一个大一新生 Tony 被分入一班,我们能不能简单地把他放到命名空间 ClassRoom1 呢?显然这是不可以的,否则引用时,一班的 Tony 就指代不明确,这个一班的 Tony 是指大一的 Tony 还是大二的 Tony?我们可以使用嵌套的命名空间解决这一问题。

嵌套的命名空间是指在一个命名空间中嵌套一个子命名空间,从而进一步划分命名空间。嵌套的命名空间有两种声明方式。

(1)原文嵌套:把命名空间的声明放在一个封装的命名空间声明体内部

```
namespace 命名空间名称
{
    namespace 子命名空间名称
    {
        //类的声明
    }
}
```

(2)分离嵌套:在声明时通过使用完全限定名称给命名空间命名

```
namespace 命名空间名称
{
    //类的声明
}
namespace 命名空间名称.子命名空间名称
{
    //类的声明
}
```

以上两种做法都能在"命名空间名称"中嵌套"子命名空间名称"。这两种做法是等价的,只是表现形式不同,如下面的代码所示:

```
namespace Grade1                //命名空间:大一
{
    namespace ClassRoom1         //命名空间:一班
    {
        public class Tony { }
    }
}
namespace Grade1. ClassRoom1      //与上面的声明等价
{
    public class Tony { }
}
```

如果是嵌套命名空间,同样用"."号体现命名空间之间的嵌套关系。比如,访问大一一班的 Tony 类的代码如下:

```
Grade1.ClassRoom1.Tony
```

4.8.3 using 指令

使用完全限定名引用命名空间会使代码变得冗长,因为命名空间的嵌套结构可能会有很多级。为了简化代码,我们可以使用 using 指令,如 C♯ 代码文件顶端的指令:using System。

我们经常使用的类 Console 在 System 这个命名空间下,但是我们在调用类 Console 的方法 WriteLine 时,并没有使用 System. Console. WriteLine(),而是省略了命名空间 System 的限定。之所以能够这么做,是因为在代码顶端添加了 using System 指令。

using 指令的语法格式如下:

```
using 命名空间名称;
```

using 指令必须放在代码文件的顶端,即放在任何类型声明之前。

比如,在之前的例子中,我们通过 using 指令加入了对命名空间 Grade1. ClassRoom1 的引用:

```
using Grade1.ClassRoom1;
```

在我们调用该命名空间中的类 Tony 时,可以省略命名空间直接调用:

```
Tony t = new Tony();
```

由于我们可以在代码文件中添加多个 using 指令来引用多个命名空间,所以,假如这些命名空间中存在同名类,我们仍要使用完全限定名来引用该类。比如,我们通过 using 指令同时引用命名空间 Grade1. ClassRoom1 和 Grade2. ClassRoom1:

```
using Grade1.ClassRoom1;
using Grade2.ClassRoom1;
```

由于这两个命名空间中都有 Tony 这个类,因此我们在引用时要具体指出引用的是哪个命名空间下的 Tony:

```
Grade1.ClassRoom1.Tony t = new Grade1.ClassRoom1.Tony();
Grade2.ClassRoom1.Tony t = new Grade2.ClassRoom1.Tony();
```

using 指令除了可以引入命名空间外,还可以为命名空间或类设置别名。例如:

```
//分别为两个 Tony 类设置别名
using Tony1 = Grade1.ClassRoom1.Tony;
using Tony2 = Grade2.ClassRoom1.Tony;
//分别为两个命名空间 Grade1.ClassRoom1 和 Grade2.ClassRoom1 设置别名
using G1C1 = Grade1.ClassRoom1;
using G2C1 = Grade2.ClassRoom1;
```

在之后的代码中,我们就可以用该别名代替原类名或命名空间名了。可见,对于命名空间嵌套较多的情况,这种起别名的方式是很实用的。

4.9 分部类

通常情况下,我们会把一个类的源代码放在一个单独的类文件(. cs 文件)中。但若一个类的代码较多,且内部的逻辑功能比较复杂的话,我们可以使用 partial 修饰符将类的声明分割成多个部分放在不同的类文件中。例如:

```
//类文件 PartialA.cs
partial class PartialClass
{
    public int fieldA;
    public void MethodA()
    {
```

```
        }
    }
    //类文件 PartialB.cs
    partial class PartialClass
    {
        public int fieldB;
        public void MethodB()
        {
        }
    }
```

以上两段代码分别写在两个 cs 文件中，它们等同于单个 cs 文件中的以下声明：

```
class PartialClass
{
    public int fieldA;
    public void MethodA()
    {
    }
    public int fieldB;
    public void MethodB()
    {
    }
}
```

在声明分部类时需要注意以下几点。

（1）将一个类分割成多个分部类时，声明的分部类类名一定要相同。

（2）分割后的分部类的声明可以分别放在多个 cs 文件中，也可以放在同一个 cs 文件中。

（3）分部类的声明中，彼此之间不能出现重复的成员定义，因为它们最终将会合成一个类。例如：

```
partial class PartialClass
{
    public int fieldA;
}
partial class PartialClass
{
    public int fieldA;    //提示错误：已经包含"fieldA"的定义
}
```

声明分部类除了可以让复杂的类的代码逻辑变得更加清晰之外，也利于项目团队的协作开发和系统的后期维护。比如，当编写一个复杂的类时，可将其进行逻辑划分，让不同的开发人员同时开发，编写各自的分部类，以提高开发效率。分部类可以提高系统的维护性：系统开发完成之后，若要增加类的功能，我们可以新增一个分部类，在其中添加新的功能，而不需要修改之前的代码。这样避免了因修改现有正确代码而带来的一系列隐患。

值得注意的是，partial 并不是 C#中的关键字。我们可以在程序中声明该名称的变量或方法。但当 partial 用在关键字 class 之前时，它表示该类是一个分部类。

习 题 4

一、选择题

1. 下列关于类的描述中,错误的是(　　)。

A. 类是创建对象的模板 　　　　　 B. 类是抽象的概念

C. 通过一个类只能生成一个对象 　　 D. 类是引用类型

2. 若类的一个成员只能在当前类中访问,需要用(　　)修饰。

A. private 　　　　 B. protected 　　　　 C. internal 　　　　 D. public

3. 声明一个类时,若省略了访问修饰符,则默认的访问权限是(　　)的。

A. private 　　　　 B. protected 　　　　 C. internal 　　　　 D. public

4. 下列关于访问修饰符的描述中,正确的是(　　)。

A. 访问修饰符只能修饰类的成员,不能修饰类

B. 访问修饰符 internal 表示受保护的成员

C. 访问权限从低到高排列:protected＜private＜public

D. 不能使用 private 修饰一个类

5. 当类的某个字段属于类本身而不属于具体某一个实例时,需要使用(　　)进行声明。

A. 实例字段 　　　 B. 静态字段 　　　 C. 只读字段 　　　 D. 以上都可以

6. 类的行为用(　　)来描述。

A. 字段 　　　　 B. 属性 　　　　 C. 方法 　　　　 D. 事件

7. 下列关于构造函数的描述中,错误的是(　　)。

A. 构造函数名称必须与类名相同 　　 B. 一个类只能有一个构造函数

C. 构造函数不能声明返回值 　　　　 D. 构造函数可以没有参数

8. 下列关于默认构造函数的描述中,错误的是(　　)。

A. 默认构造函数没有参数

B. 默认构造函数方法体为空

C. 当存在一个实例构造函数时,不会自动生成默认构造函数

D. 默认构造函数可以声明返回值

9. 类中已存在方法:public void Print(string value),则如下方法中,(　　)不能形成该方法的重载。

A. public void Print(int value)

B. public string Print(string value)

C. public void Print(string value1,string value2)

D. public void Print(ref string value)

10. 在属性的 set 访问器中,使用(　　)作为形参对字段进行赋值。

A. this 　　　　 B. args 　　　　 C. value 　　　　 D. property

二、填空题

1. 面向对象的三大特性分别为_____、_____和_____。

2. 类的成员若只能在类中被访问,需要使用_____关键字进行修饰;若可以在该类和子类中被访问,需要使用_____关键字进行修饰。若省略了访问修饰符,则类的成员的默认

访问权限为_____。

3. 引用类型变量与值类型变量不同的是：值类型变量中存储的是_____，而引用类型变量中存储的是实际数据所在的_____。

4. 在类的外部访问实例字段时，使用_____进行引用，在类的外部访问静态字段时，使用_____进行引用，在类的外部访问常量字段时，使用_____进行引用。

5. 在进行方法的参数传递时，可以使用_____和_____关键字实现引用传递，使用_____关键字实现可变数目参数的传递。

6. _____关键字在类中使用，表示对当前实例的引用。

7. get 访问器和 set 访问器本质上都是一个_____。

8. 命名空间的作用是_____。定义命名空间使用_____关键字，引用命名空间使用_____关键字。

三、简答题

1. 简述类与对象的联系与区别，并举例说明。

2. 类可以有哪些数据成员和函数成员？并简述类的实例成员与静态成员的区别。

3. 基类中的字段通常使用什么类型的访问修饰符，为什么？

4. 类中常量与只读字段的相同点与不同点有哪些？并区分其使用场景。

5. 构造函数和析构函数各有什么作用？它们的调用方式有什么区别？调用顺序是什么？

6. 类中声明属性有什么作用？属性是类的数据成员还是函数成员？访问属性的方式是什么？

7. 方法的参数传递方式有哪些？这些传递方式之间有哪些具体的区别？并举例说明。

8. 指出下列程序的错误之处：

```
class A
{
    public void Method(ref int p1,out int p2)
    {
        Console.WriteLine("方法调用前两个参数的值为：" + p1 + "/" + p2);
        p1 = 1;
        p2 = 1;
    }
}
class Program
{
    static void Main(string[] args)
    {
        int a1,a2;
        A Ca = new A();
        Ca.Method(a1, a2);
    }
}
```

四、编程题

1. 编写两个方法 Add，形成方法的重载：第一个方法包含两个整型参数，实现两个数的相加；第二个方法包含两个字符串参数，实现两个字符串的连接。另外，在主函数中测试两个重载方法的调用结果。

2. 一列数的规则如下:1,1,2,3,5,8,13,21,34,…,求第30位数,用递归算法实现。(递归回溯条件:F(0)=0,F(1)=1;递归过程:F(n)=F(n−1)+F(n−2))

3. 编写一个类,要求带有一个索引器,可以存储100个整型变量。

4. 编写一个类,要求其中包含一个排序的方法Sort,如果传入的是一串整数,就按升序排序后输出,如果传入的是一个字符串,就按字符的降序排序后输出。

5. 编写一个游泳运动员Swimmer类,用索引器来获取Swimmer对象中50米蛙泳、50米蝶泳、50米自由泳的最好成绩。

6. 用面向对象的方法求矩形面积。要求编写一个矩形Rectangle类。数据成员有:长(Length)、宽(Width)。函数成员有:(1)构造函数,功能是给长和宽初始化;(2)成员函数setLW(),功能是给长和宽赋值;(3)成员函数Area(),功能是求出矩形的面积。在main函数中声明该类的对象,并求出该对象的面积。

7. 声明一个日期类MyDate,包含属性:年、月、日,在MyDate类中声明几个方法并在主函数中创建对象和测试。

(1) boolean isLeapYear():判断当前日期是不是闰年;

(2) void set(int y,int m,int d):通过传入的年(y)、月(m)、日(d)参数,初始化一个日期;

(3) void plus(int years,int months,int days):加上年(years)、月(months)、天(days)后的日期。

8. 创建一个车辆(Vehicle)类,数据成员有:Speed(速度)、MaxSpeed(最大速度)、Weight(重量)、Type(型号);函数成员有:行驶Run()、停止Stop()、显示车辆信息ShowVehicleInfo()。另外,还需要编写两个构造函数:一个为无参数的构造函数;另一个为带两个参数的构造函数,两个参数分别用来初始化车辆对象的型号和重量。要求在主函数中分别用两个构造函数初始化车辆类的两个实例,并分别调用函数成员(注:函数成员中只需要指明当前函数被调用即可,比如在控制台打印出"车辆正在行驶")。

第5章 继承与多态

前一章讲述了如何通过声明类来创建新的类型,并介绍了类中常见的数据成员以及函数成员。在声明一个类时,如何从系统需求中识别类的数据成员以及函数成员,是我们在设计类时需要重点考虑的问题。但类与类之间并不是孤立、无联系的,正如现实生活中的事物存在着相互的联系一样。如何在设计类时描述类与类之间的关系,是本章的主要内容。

本章将探求真实世界中的类与类之间的关系,并介绍如何使用程序代码来描述这些关系。

5.1 继 承

类并不是孤立存在的,一个类通常会和其他的一个或多个类相关,比较常见的两种关系为"has-a"关系和"is-a"关系。"has-a"表达的是一种"有一个"关系,一个类中可以包含或嵌入另一个类的对象。比如,在图书馆管理系统中,读者类(Reader)中可以包含一个图书类(Book)对象,这个对象表示读者当前借阅的图书。而"is-a"表达的是一种"是一个"关系,一个类是另一个类的一种类型。比如,当我们说学生读者是一个读者时,是指它具备读者的一般特征,但同时它又有学生读者的独特特征。继承基于"is-a"关系。

当我们要创建一个类时,如果这个类和已存在的某个类存在一种逻辑上的继承关系,那么我们就可以通过继承来创建这个新类。通常我们将这个已存在的类称为基类(BaseClass),而把得到的新类称为派生类(DerivedClass),有时也称基类为父类,派生类为子类。

继承最大的好处在于:派生类可以通过继承得到基类中已声明的成员,不仅避免了重复工作,还可以带来其他的好处,如多态等。

5.1.1 类继承

在声明类继承时,先在派生类名称后放置一个冒号,然后在冒号后指定要继承的基类的名称。从基类得到派生类的语法格式如下:

```
class 派生类 : 基类
{
    //派生类的成员
}
```

若声明一个学生读者类 Student,则派生代码如下:

```
class Student : Reader
{
    //派生类的成员
}
```

说明:

(1) C#中只支持单继承,也就是说,一个类最多只能从一个基类直接派生。

（2）通过继承，派生类可以获取基类中除构造函数和析构函数之外的所有成员。基类的
public、internal、protected、protected internal 类型的成员将成为派生类的 public、internal、
protected、protected internal 类型的成员。事实上，基类的 private 成员也被继承下来成为派
生类的 private 成员，只不过在派生类中不能被访问。

（3）在派生类中也可以声明新的数据成员和函数成员，但不能移除从父类继承得到的成
员。因此，派生类中的成员包含两部分：从基类继承下来的所有非私有成员以及新声明的
成员。

（4）在实现继承时，基类的访问权限不能小于派生类。如果基类的访问权限是 internal，
而派生类的访问权限是 public，那么这种声明方式是错误的。

基类声明：

```
class c1{}
public class c2{}
```

派生类声明：

```
class c3 : c1{}            //正确
class c4 : c2{}            //正确
public class c5 : c1{}     //错误
public class c6 : c2{}     //正确
```

（5）继承可以传递。类 C2 继承于 C1，C2 得到 C1 的成员，如果类 C3 进一步继承于 C2，
则 C3 将得到 C1 的成员以及 C2 中新声明的成员。

（6）类之间不能形成循环的继承关系。如下面的代码所示：

```
class c2 : c1{}
class c1 : c3{}
class c3 : c2{}
```

5.1.2 访问继承的成员

上一节已经说明，通过继承，派生类中的成员包含两部分：从基类继承下来的所有非私有
成员以及新声明的成员。除了从基类继承得到的私有成员之外，其他成员的访问方式与之前
讲到的方法相同：静态成员通过类名访问；实例成员通过对象引用访问。

【例 5-1】 由读者类继承得到学生读者类，并访问其成员。

上一章已经声明了读者类 Reader，它包括的数据成员有：读者证号、读者姓名、读者年龄、
所借图书列表，函数成员有：显示读者信息、借书、还书、续借图书。

经过分析，发现学生读者类 Student 的数据成员除了所在班级之外，其他信息在 Reader
类中都已被定义。而函数成员也与 Reader 类中的函数成员相同。因此，我们可以使用继承来
声明学生读者类。

```
//5-1.cs
//读者类
class Reader
{
    public string ReaderID { get; set; }       //自动属性——读者证号
    public string ReaderName { get; set; }     //自动属性——读者姓名

    private int readerAge;                      //私有字段——读者年龄
    public int ReaderAge                       //常规属性——读者年龄
```

```
        {
            get { return readerAge; }
            set
            {
                if (value > 1 && value < 120)
                    readerAge = value;
            }
        }
        //显示读者相关信息
        public void Display()
        {
            Console.WriteLine(
                            "读者证号:\t" + this.ReaderID +
                            "\n读者姓名:\t" + this.ReaderName +
                            "\n读者年龄:\t" + this.ReaderAge);
        }
    }


    //学生读者类 Student,继承于 Reader 类
    class Student : Reader
    {
        public string classRoom { get; set; }          //自动属性——所在班级
    }


    //启动类
    class _5_1
    {
        static void Main(string[] args)
        {
            Student stu = new Student();                //新建学生读者

            //访问继承得到的成员
            stu.ReaderID = "S0001";
            stu.ReaderName = "Tony";
            stu.ReaderAge = 20;
            stu.Display();

            //访问新定义的数据成员
            stu.classRoom = "计算机 901";
            Console.WriteLine("所在班级:\t" + stu.classRoom);
        }
    }
```

例 5-1 的运行结果如图 5-1 所示。

在例 5-1 中，类 Student 通过继承得到了 Reader 类的所有成员，包括函数成员 Display，并且在 Student 类中新声明了一个数据成员 classRoom，这些成员都能在 Student 类中被访问。

可见,继承使代码得到了复用,使我们用很少的代码就可以定义一个具有一定功能的类。

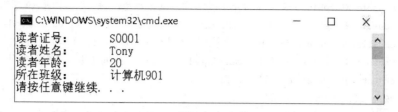

图 5-1 例 5-1 的运行结果

5.1.3 Object 类

Object 类是一个比较特殊的类,除了 Object 类之外,其他所有的类最终都继承于 Object 类,它是 C♯中类层次结构的根。如果在声明一个类时,没有显式指定派生于哪一个基类,那么编译器会让此类隐式地派生于 Object 类。

```
class Reader :System.Object{ }     //显式继承于 Object 类
class Reader { }                   //隐式继承于 Object 类
```

第一种方式采用继承的语法格式显式地继承了 Object 类;第二种方式没有显式继承某一个类,而是让该类隐式地继承于 Object 类。以上两种声明方式是等价的。

因为所有的类都最终继承于 Object 类,因此 Object 类提供了一些有关类的最基础的方法,从而使其他的类都可以继承使用这些方法,而不用重复定义(只列出了公有方法),如表 5-1 所示。

表 5-1 Object 类的公有方法

方法名称	描述	静态方法/实例方法
ToString	生成描述类的实例的可读文本字符串	实例方法
GetType	返回该方法所属对象的类型	实例方法
GetHashCode	返回对象的值的散列码	实例方法
Equals	如果两个对象具有相同的值,返回 true	实例方法
ReferenceEquals	如果两个对象引用相同的实例,返回 true	静态方法

【例 5-2】 访问继承于 Object 类的方法。

```
//5-2.cs
//读者类,隐式继承于 Object 类
class Reader
{
}

//启动类
class _5_2
{
    static void Main(string[] args)
    {
        Reader r1 = new Reader();        //新建读者 r1
        Reader r2 = new Reader();        //新建读者 r2
```

```
Console.WriteLine("调用 ToString()方法:" + r1.ToString());
Console.WriteLine("调用 GetType()方法得到对象类型:" + r1.GetType());
Console.WriteLine("调用 GetHashCode()方法得到散列码:" + r1.GetHashCode());
Console.WriteLine("调用 Equals()方法判断当前对象是否和r2值相同:" + r1.Equals(r2));
Console.WriteLine("调用 ReferenceEquals Equals()方法判断当前对象是否和r2值相同:" +
object.ReferenceEquals(r1, r2));
r2 = r1;
Console.WriteLine("调用 Equals()方法判断当前对象是否和r2值相同:" + r1.Equals(r2));
Console.WriteLine("调用 ReferenceEquals Equals()方法判断当前对象是否和r2值相同:" +
object.ReferenceEquals(r1, r2));
    }
}
```

例 5-2 的运行结果如图 5-2 所示。

图 5-2　例 5-2 的运行结果

在例 5-2 中声明类 Reader 时，我们未给它添加任何的成员。但是在主函数中，我们能够访问 reader 对象的 4 个方法，显然这些方法是从 Object 类继承得到的，这说明编译器自动让 Reader 类隐式继承了 Object 类。

虽然 C♯只支持单继承，但却没有限制继承的层次。也就是说，一个类继承于另一个类，这个类又继承于另一个类，直到最终的基类 Object。正如人类的继承关系：儿子继承于父亲，父亲继承于爷爷，由此下去，直至追溯到人类的祖先。例 5-1 中 Reader 类、Student 类的继承层次分别如图 5-3、图 5-4 所示。

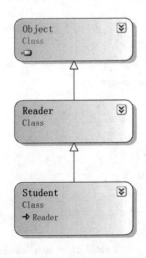

图 5-3　Reader 类的继承层次　　　　　　　图 5-4　Student 类的继承层次

5.1.4 派生类的构造函数

派生类的成员包含两个部分:从基类继承来的成员和派生类中新声明的成员。我们可以通过声明派生类的构造函数来初始化新声明的数据成员;而在初始化从基类中继承的数据成员时,由于派生类无法继承得到基类的构造函数,因此需要调用基类的构造函数。

1. 基类默认构造函数的隐式调用

当创建派生类的实例时,程序会自动调用基类的默认构造函数。

【例 5-3】 基类默认构造函数的自动调用。

```
//5-3.cs
//读者类
class Reader
{
    public Reader()
    {
        Console.WriteLine("基类 Reader 的默认构造函数被调用");
    }
}


//学生读者类 Student,继承于读者类 Reader
class Student : Reader
{
    public string classRoom { get; set; }   //自动属性——所在班级
    public Student()
    {
        Console.WriteLine("派生类 Student 的构造函数被调用");
    }
}


//启动类
class _5_3
{
    static void Main(string[] args)
    {
        Student stu = new Student();
    }
}
```

例 5-3 的运行结果如图 5-5 所示。

图 5-5 例 5-3 的运行结果

例 5-3 的补充说明如下。

（1）当我们创建派生类的对象时，系统会首先初始化派生类中的实例成员，然后调用基类的默认构造函数，最后再调用自身的构造函数。调用基类默认构造函数这一行为是由系统自动完成的，我们并未在例 5-3 的主函数中编写调用代码。

如图 5-6 所示，在初始化派生类对象 stu 时，系统会首先初始化实例字段 classRoom，并给它赋予初值空字符串""，然后调用基类的默认构造函数。自动调用基类的默认构造函数的行为是一个递归过程，如果继承层次超过两层，仍然符合这个规则。例如，一个类的继承层次为：A 继承于 B，B 继承于 C，C 继承于 D，则当创建 A 的对象时，系统会首先调用它的基类 B 的默认构造函数，然而 B 又继承于 C，因此，既要调用 C 的默认构造函数又要优先于调用 B 的默认构造函数。以此类推，最终基类默认构造函数的调用顺序为：D→C→B，而 A 自身的构造函数则在最后被调用。

图 5-6　派生类对象的创建过程

（2）由于在自动调用基类构造函数时，调用的是默认的构造函数，因此，若基类中不存在默认的构造函数，则编译器会报错，如下面的代码所示：

```
class Reader
{
    public string ReaderID { get; set;}        //自动属性——读者证号

    //声明了带参构造函数，因此不会再自动生成默认构造函数
    public Reader(string id)
    {
        ReaderID = id;
    }
}


class Student : Reader
{
    public string classRoom { get; set; }      //自动属性——所在班级
    public Student()
    {
        Console.WriteLine("派生类 Student 的构造函数被调用");
    }
}
```

在前一章已经讲过,如果在基类 BaseClass 中声明了一个带参数的构造函数,那么系统并不会为它自动声明一个默认的构造函数。当我们再用语句"new Student()"初始化一个派生类对象时,系统就会调用基类中的默认构造函数,但基类中并不存在该构造函数。编译器会报错:"Reader 不包含采用 0 个参数的构造函数"。

2. 基类构造函数的显式调用

在一个派生类的构造函数中,我们可以显式调用基类的构造函数,这对于调用基类中带参数的构造函数来说是非常有用的。由于一个类中的构造函数通过方法的重载可以有多个,若要调用基类中带参数的构造函数,则需要使用 base 关键字和参数列表指明使用基类中的哪一个构造函数。

调用格式如下:

```
派生类构造函数声明 : base(参数声明)
{
    //方法体
}
```

说明:

(1) 根据 base 关键字后的参数列表决定调用基类中哪一个具体的重载构造函数。

(2) 以下两种声明方式中,第一种方式是基类默认构造函数的隐式调用,第二种是基类默认构造函数的显式调用。两者是等价的:

```
public Student()                    public Student() : base()
{                                   {
    //方法体                            //方法体
}                                   }
```

【例 5-4】 调用基类带参构造函数。

```
//5-4.cs
//读者类 Reader
class Reader
{
    public string ReaderID { get; set; }        //自动属性——读者证号
    public string ReaderName { get; set; }       //自动属性——读者姓名

    //带参构造函数
    public Reader(string ReaderID, string ReaderName)
    {
        this.ReaderID = ReaderID;
        this.ReaderName = ReaderName;
        Console.WriteLine("基类 Reader 的带参构造函数被调用");
    }
}

//学生读者类 Student,继承于读者类 Reader
class Student : Reader
{
```

```
        public string ClassRoom { get; set; }          //自动属性——所在班级

    //使用 base 关键字调用基类构造函数
    public Student ( string ReaderID, string ReaderName, string ClassRoom ) : base ( ReaderID,
    ReaderName)
    {
        this. ClassRoom = ClassRoom;
        Console. WriteLine("派生类的带参构造函数被调用");
    }
}

//启动类
class _5_4
{
    static void Main(string[] args)
    {
        Student Stu = new Student("S0001", "Hill", "计算机 901");
        Console. WriteLine("读者证号:" + Stu. ReaderID +
                "\n 读者姓名:" + Stu. ReaderName +
                "\n 所在班级:" + Stu. ClassRoom);
    }
}
```

例 5-4 的运行结果如图 5-7 所示。

图 5-7 例 5-4 的运行结果

在例 5-4 中,通过语句"new Student("S0001","Hill","计算机 901")"创建派生类对象时,系统会调用派生类构造函数"public Student(string ReaderID,string ReaderName,string ClassRoom):base(ReaderID,ReaderName)"。首先通过 base 关键字显示调用基类中带有两个参数的构造函数,将实参"S0001""Hill"传递给"base(ReaderID,ReaderName)",然后调用基类中的带参构造函数"public Reader(string ReaderID,string ReaderName)",实现对基类成员的初始化。

5.2　隐藏与重写

一旦通过继承,派生类就得到了基类的所有成员。但并不是所有继承得到的成员都适合派生类,试考虑下面这种情况。

图书馆管理系统中存在这样的继承关系:读者类是基类,学生读者和教师读者是两个派生类。读者都具有借书这一行为。完成这一行为,大致需要以下几个步骤(为节省篇幅,未考虑借书前的判断,比如该读者是否有欠款等):

(1) 设置这本书被借出的日期;

(2) 设置这本书应该归还的日期;

(3) 将这本书作为读者的当前所借图书;

(4) 将这本书的状态改为"已借出"。

在这4个步骤中,第2个步骤在学生读者和教师读者这两个派生类中的表现是不一致的,比如学生读者的借书时间只有30天,而教师读者的借书时间为60天,这将导致还书日期的计算方法不同。

在面向对象的软件系统中,我们经常会遇到这种情况,那么,应如何做到"取其精华,去其糟粕"? 在派生类中,我们无法删除继承得到的这些成员,但C♯为我们提供了其他两种解决方法:声明新的成员,隐藏基成员;或者重写虚拟的基成员。通过这两种方式,我们可以让派生类具有"自己的个性"。

5.2.1 隐藏基类的成员

除了可以隐藏基类的函数成员外,还可以隐藏基类的数据成员。规则如下。

(1) 隐藏继承得到的数据成员:声明一个相同类型的数据成员,并使用相同的名称。

```
class BaseClass
{
    public string s = "基类字段";
}
class DerivedClass : BaseClass
{
    //通过定义该字段(与基类中的成员同名同类型),继承得到的基类字段 s 被隐藏
    public string s = "派生类字段";
}
```

(2) 隐藏继承得到的函数成员:声明一个带有相同签名(名称和参数列表)的函数成员。

```
class BaseClass
{
    public void Method()
    {
        Console.WriteLine("调用基类方法");
    }
}

class DerivedClass : BaseClass
{
    //通过定义该方法(与基类中方法具有相同签名),继承得到的基类方法 Method 被隐藏
    public void Method()
    {
        Console.WriteLine("调用派生类方法");
    }
}
```

上面两种做法确实能够隐藏基类的成员,但是编译器会给出一个警告:"xxx 隐藏了继承

的成员 xxx。如果是有意隐藏,请使用关键字 new"。因此,如果要显式地隐藏继承的基类成员,则需要使用 new 修饰符来修饰要隐藏的成员。如下面的代码所示:

```
class DerivedClass : BaseClass
{
    //使用 new 关键字有意隐藏继承得到的基类成员
    public new void Method()
    {
        Console.WriteLine("调用派生类方法");
    }
}
```

派生类中新声明的成员与被隐藏的基类成员具有相同的名称,但同名的两个成员之间是互不相关的,只不过是名字相同而已。当我们用派生类的对象访问该成员时,访问的是新声明的成员,而不是基类的成员,因为基类的成员在派生类中已经被隐藏起来了。

下面在图书馆管理系统中实现读者借书行为。

【例 5-5】 使用 new 隐藏继承得到的基类成员。

```
//5-5.cs
//枚举类型:图书状态
enum EBookStatus
{
    AtLibrary,                        //在馆
    Borrowed,                         //借出
}


//图书类 Book
class Book
{
    public string BookID { get; set; }          //自动属性——图书编号
    public string BookName { get; set; }         //自动属性——图书名称
    public EBookStatus CurrentStatus { get; set;}//自动属性——当前状态
    public DateTime BorrowDate { get; set; }     //自动属性——借出日期
    public DateTime ReturnDate { get; set; }     //自动属性——应还日期
}


//读者类 Reader
class Reader
{
    public string ReaderID { get; set; }         //自动属性——读者证号
    public string ReaderName { get; set; }       //自动属性——读者姓名

    public Book BorrowedBook { get; set; }       //自动属性——所借图书
    //显示读者相关信息
    public void Display()
    {
```

```
        Console.WriteLine("读者证号:\t" + this.ReaderID +
            "\n 读者姓名:\t" + this.ReaderName +
            "\n 所借图书信息:\n\t 图书编号:" + this.BorrowedBook.BookID +
            "\n\t 图书名称:" + this.BorrowedBook.BookName +
            "\n\t 借书日期:" + this.BorrowedBook.BorrowDate.ToShortDateString() +
            "\n\t 应还日期:" + this.BorrowedBook.ReturnDate.ToShortDateString());
    }
    //读者借书方法
    public void BorrowBook(Book book)
    {
        //借书日期为当天日期
        book.BorrowDate = DateTime.Today;
        //还书日期为借书日期后的 30 天
        book.ReturnDate = DateTime.Today.AddDays(30);
        //设置读者的当前所借图书
        this.BorrowedBook = book;
        //设置被借图书的状态为"已借出"
        book.CurrentStatus = EBookStatus.Borrowed;
    }
}


//学生读者类 Student ,继承于读者类 Reader
class Student : Reader
{
    //学生读者的借书方法,使用了 new 关键字来隐藏基类方法
    public new void BorrowBook(Book book)
    {
        book.BorrowDate = DateTime.Today;
        //与基类实现的不同之处:还书日期为借书日期后的 60 天
        book.ReturnDate = DateTime.Today.AddDays(60);
        this.BorrowedBook = book;
        book.CurrentStatus = EBookStatus.Borrowed;
    }
}


//启动类
class _5_5
{
    static void Main(string[] args)
    {
        Book b = new Book();                    //新建图书
        b.BookID = "B0001";
        b.BookName = "C 语言";
```

```
        Student Tony = new Student();              //新建读者
        Tony.ReaderID = "R0001";
        Tony.ReaderName = "Tony";
        Tony.BorrowBook(b);                        //借书
        Tony.Display();                            //显示读者相关信息
    }
}
```

例 5-5 的运行结果如图 5-8 所示。

```
C:\WINDOWS\system32\cmd.exe                —    □    ×
读者证号：         R0001
读者姓名：         Tony
所借图书信息：
        图书编号：B0001
        图书名称：C语言
        借书日期：2022/2/14
        应还日期：2022/4/15
请按任意键继续. . .
```

图 5-8　例 5-5 的运行结果

在例 5-5 中，基类 Reader 中声明了一个借书方法 BorrowBook。通过继承，派生类 Student 得到了基类的这个函数成员。由于学生读者的借书行为与父类的借书行为有所不同，因此，派生类内部使用 new 修饰符声明了相同签名的方法，将继承得到的 BorrowBook 方法隐藏起来。当用派生类的对象引用去调用借书方法时，调用的是派生类中新声明的借书方法。

5.2.2　访问基类的成员

上一节中讲到，通过修饰符 new 可以将继承的基类成员隐藏。但有时需要在派生类中访问被隐藏的基类成员，我们可以使用 base 关键字。我们在上一章讲到了 this 关键字，它表示当前类的实例。base 关键字的用法与它类似，表示当前类的基类实例，其使用格式如下：

base.实例成员名称

由于 base 指代的是实例，因此和 this 关键字一样，它只能引用实例成员而不能引用静态成员。

考虑例 5-5 中父类与派生类的借书方法，我们发现 4 个步骤中只有 1 个步骤（设置还书日期）的实现代码是不同的，而我们却在派生类中重复编写了另外 3 个步骤的语句。这样显然没有做到代码的复用，必将会使后期的软件维护变得复杂。那么，应如何做到代码的复用呢？我们可以将相同的实现代码剔除出来作为基类中的借书行为，然后在派生类中的隐藏方法中调用基类的借书方法，最后为其添加新的行为。

我们先将基类中的借书方法修改如下：

```
public void BorrowBook(Book book)
{
    book.BorrowDate = DateTime.Today;
    book.CurrentStatus = EBookStatus.Borrowed;
    this.BorrowedBook = book;
}
```

然后在派生类的隐藏方法中，利用 base 关键字调用基类中的借书方法，最后添加新的行为。

派生类中的借书方法被修改成：

```
public new void BorrowBook(Book book)
{
    //利用 base 关键字调用基类中的借书方法
    base.BorrowBook(book);
    //添加新的行为,让派生类具有"自己的个性"
    book.ReturnDate = DateTime.Today.AddDays(60);
}
```

例 5-5 修改后的运行结果如图 5-9 所示。

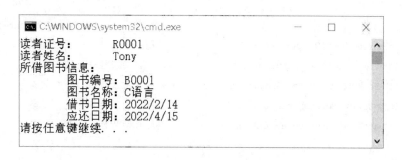

图 5-9　例 5-5 修改后的运行结果

5.2.3　重写基类的成员

为了使同一行为在子类中具有不同的表现,我们还可以将该行为声明成为虚方法,然后在子类中去重写它。

1. 虚方法

若一个实例方法的声明中含有 virtual 修饰符,则称该方法为虚方法。基类中的虚方法能在派生类中被重写。声明一个虚方法与声明一个普通方法的区别仅在于虚方法使用了 virtual 关键字修饰,声明格式如下：

访问修饰符 virtual 返回值类型 方法名称(参数列表)

比如,声明一个虚方法：

```
public virtual void Method(){ }
```

说明：

（1）访问修饰符不能使用 private。因为声明虚方法的目的是在派生类中去重写它,若将它声明成为 private 的,那么在派生类中将访问不到该方法,也就无法重写该方法。

（2）虚方法不能是静态方法,只能是实例方法。

（3）除了声明虚方法外,我们还可以用 virtual 修饰属性、索引器。这些虚拟成员都可以在派生类中重写,方式与虚方法相同。

2. 重写虚方法

在派生类中,我们可以重写从基类继承的虚方法,重写虚方法要使用 override 修饰符。通过在派生类中重写虚方法,我们可以使同一种行为在派生类中具有不同的表现形式。

【例 5-6】 利用重写虚方法实现读者的借书行为。

```
//5-6.cs
//枚举类型:图书状态
enum EBookStatus
{
    AtLibrary,                                  //在馆
    Borrowed,                                   //借出
}


//图书类 Book
class Book
{
    public string BookID { get; set; }          //自动属性——图书编号
    public string BookName { get; set; }        //自动属性——图书名称
    public EBookStatus CurrentStatus { get; set;}  //自动属性——当前状态
    public DateTime BorrowDate { get; set; }    //自动属性——借出日期
    public DateTime ReturnDate { get; set; }    //自动属性——应还日期
}


//读者类 Reader
class Reader
{
    public string ReaderID { get; set; }        //自动属性——读者证号
    public string ReaderName { get; set; }      //自动属性——读者姓名


    public Book BorrowedBook { get; set; }      //自动属性——所借图书
    //显示读者相关信息
    public void Display()
    {
        Console.WriteLine("读者证号:\t" + this.ReaderID +
            "\n读者姓名:\t" + this.ReaderName +
            "\n所借图书信息:\n\t图书编号:" + this.BorrowedBook.BookID +
            "\n\t图书名称:" + this.BorrowedBook.BookName +
            "\n\t借书日期:" + this.BorrowedBook.BorrowDate.ToShortDateString() +
            "\n\t应还日期:" + this.BorrowedBook.ReturnDate.ToShortDateString());
    }

    //借书方法是一个用 virtual 关键字修饰的虚方法
    public virtual void BorrowBook(Book book)
    {
        //借书日期为当天日期
        book.BorrowDate = DateTime.Today;
        //设置读者的当前所借图书
```

```
        this.BorrowedBook = book;
        //设置被借图书的状态为"已借出"
        book.CurrentStatus = EBookStatus.Borrowed;}
}


//学生读者类Student,继承于读者类Reader
class Student : Reader
{
    //在派生类中重写借书方法
    public override void BorrowBook(Book book)
    {
        base.Borrow Book(book);
        book.ReturnDate = book.BorrowDate.AddDays(60);
    }
}


//启动类
class _5_6
{
    static void Main(string[] args)
    {
        Book b = new Book();                    //新建图书
        b.BookID = "B0001";
        b.BookName = "C语言";

        Student Tony = new Student();           //新建读者
        Tony.ReaderID = "R0001";
        Tony.ReaderName = "Tony";
        Tony.BorrowBook(b);                     //借书
        Tony.Display();                         //显示读者相关信息
    }
}
```

例 5-6 的运行结果如图 5-10 所示。

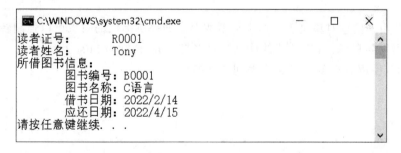

图 5-10　例 5-6 的运行结果

5.3　引用类型转换

5.3.1　派生类与基类

任何派生类型都可以隐式地转换成为基类类型。我们已经知道,通过继承,派生类的实例成员由两部分组成:继承得到的基类成员以及派生类中新的成员。将派生类型赋值给基类类型,基类类型可以得到它全部的成员信息(包括私有成员),因此,我们可以进行安全的类型转换。如在例5-6中,以下的语句是正确的:

```
Student s = new Student();
Reader r = s;
```

而将一个基类型转换为派生类型则需要进行显式转换,转换的方式如下:

(派生类型)基类对象

但派生类中可能含有基类中没有定义的成员,因此这种转换通常会造成派生类信息的丢失,所以说这样的转换是不安全的(就算派生类中未定义新的成员也是如此)。一个显示的强制转换会迫使编译器接受从基类型到派生类型的不安全转换,这样的转换虽然不会提示编译错误,但在运行时可能会抛出一个异常 InvalidCastException,如下面的代码所示:

```
Reader r = new Reader();
Student s = (Student)r;
```

但如果该基类型本身就引用了一个派生类的对象,则不会出现异常,如下面的代码所示:

```
Student s = new Student();
Reader r = s;
Student s1 = (Student)r;
```

在上面的代码中,语句"Reader r＝s;"使基类对象 r 本身引用了派生类的对象 s,因此,再通过语句"Student s1＝(Student)r;"将其转化为派生类对象时,将不会出现异常。

5.3.2　is 运算符

前面讲过,当我们把一种类型转换成另一种类型时,有可能会失败,抛出一个异常 InvalidCastException,比如试图将一个基类型转换成它的派生类型。虽然可以通过捕获这个异常来解决,但我们仍希望避免这种情况的发生。那么,我们能否在进行类型转换之前先检查一下是否能够进行安全的转换呢? 答案就是使用 is 运算符,其语法格式如下:

对象 is 目标类型

is 运算符用来检查对象是否与给定类型兼容。如果所提供的对象可以强制转换为所提供的类型而不引发异常,则 is 表达式的计算结果将是 true,否则为 false。

【例 5-7】　使用 is 运算符验证类型间的转换。

```
//5-7.cs
//读者类
class Reader{}

//类 Student 继承于 Reader
class Student : Reader{}
```

```
//启动类
class _5_7
{
    static void Main(string[] args)
    {
        Reader reader = new Reader();
        Student student = new Student();
        string str = "hello";
        IsTest(reader);
        IsTest(student);
        IsTest(str);
    }
    private static void IsTest(object obj)
    {
        if (obj is Student)
        {
            Student s = (Student)obj;
            Console.WriteLine("该对象与 Student 类型兼容,能进行转换");
        }
        else
        {
            Console.WriteLine("该对象与 Student 类型不兼容,不能进行转换");
        }
        if (obj is Reader)
        {
            Reader r = (Reader)obj;
            Console.WriteLine("该对象与 Reader 类型兼容,能进行转换");
        }
        else
        {
            Console.WriteLine("该对象与 Reader 类型不兼容,不能进行转换");
        }
    }
}
```

例 5-7 的运行结果如图 5-11 所示。

图 5-11　例 5-7 的运行结果

从运行结果来看，我们可以将派生类型安全地转换为基类类型，而将基类类型转换为派生类型时则可能会出现问题。另外，若某个类型与 Student 或 Reader 类型不存在继承关系，则不能转换为 Student 或 Reader 类型。

5.3.3 as 运算符

在相互兼容的引用类型之间，可以使用 as 运算符执行类型转换，as 运算符类似于强制转换操作。但是，如果无法进行转换，as 则会返回 null 而不会引发异常；如果能转换，则 as 将会返回转换结果。注意，as 运算符只执行引用转换和装箱转换，无法执行其他转换，其语法格式如下：

```
对象 as 目标类型
```
它等价于以下语句：
```
if (对象 is 目标类型)
    对象 = (目标类型)对象
else
    对象 = null;
```

【例 5-8】 使用 as 运算符进行类型转换。

```
//5-8.cs
//读者类 Reader
class Reader{}

//学生读者类 Student,继承于读者类 Reader
class Student : Reader{}

//启动类
class _5_8
{
    static void Main(string[] args)
    {
        Reader reader = new Reader();
        Student student = new Student();
        string str = "hello";
        AsTest(reader);
        AsTest(student);
        AsTest(str);
    }
    private static void AsTest(object obj)
    {
        if (obj as Student != null)
        {
            Reader s = (Student)obj;
            Console.WriteLine("该对象与 Student 类型兼容,能进行转换");
        }
        else
```

```
        {
            Console.WriteLine("该对象与 Student 类型不兼容,不能进行转换");
        }

        if (obj as Reader != null)
        {
            Reader r = (Reader)obj;
            Console.WriteLine("该对象与 Reader 类型兼容,能进行转换");
        }
        else
        {
            Console.WriteLine("该对象与 Reader 类型不兼容,不能进行转换");
        }
    }
}
```

例 5-8 的运行结果如图 5-12 所示。

图 5-12　例 5-8 的运行结果

在例 5-8 中,我们通过 as 运算符得到了与例 5-7 相同的运行结果。

5.4　多　　态

5.4.1　方法绑定

之前讲过虚方法,非虚方法与之相对,是指没有使用 virtual 修饰符修饰的方法。我们知道,对于实例方法的调用,无论是虚方法还是非虚方法,都是通过"对象名.方法名"这样的调用方式实现的。绑定则是指在对象与实际调用的方法之间建立调用关系。

上一节讲到,通过类型转换,一个基类型的对象引用可以指向其任意的派生类型对象。因此,调用方式"对象名.方法名"中的"对象"所绑定的"方法"就要由该"对象"实际引用的对象类型所决定。

非虚方法和虚方法的本质区别在于实际调用方法的绑定。非虚方法在编译阶段就能够确立调用关系,称为"静态绑定";而虚方法在运行阶段才能够确立调用关系,称为"动态绑定"。

1. 静态绑定

静态绑定也称为编译时绑定。先来看看方法的静态绑定。

【例 5-9】 方法的静态绑定。

```
//5-9.cs
class A
{
    public void Method()
    {
        Console.WriteLine("调用类 A 中的方法");
    }
}


//基类 BaseClass
class BaseClass
{
    public void Method()
    {
        Console.WriteLine("调用基类中的方法");
    }
}


//派生类 DerivedClass,继承于 BaseClass
class DerivedClass : BaseClass
{
    public new void Method()
    {
        Console.WriteLine("调用派生类中的方法");
    }
}


//启动类
class _5_9
{
    static void Main(string[] args)
    {
        A a = new A();
        a.Method();
        BaseClass b = new BaseClass();
        b.Method();
        b = new DerivedClass();
        b.Method();
    }
}
```

例 5-9 的运行结果如图 5-13 所示。

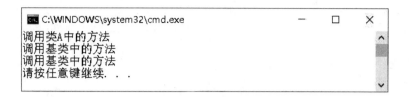

图 5-13 例 5-9 的运行结果

在例 5-9 中,在主函数中通过"a. Method()"调用实例方法 Method 时,对象引用 a 指向的就是其声明类型 A,因此在编译阶段,调用语句就和类 A 中的 Method 方法绑定在了一起,调用的是类 A 中的方法。

在相对复杂的继承层次中,派生类 DerivedClass 首先通过 new 修饰符隐藏从基类 BaseClass 中继承得到的方法 Method,使得派生类与基类中都存在 Method 方法;其次,在主函数中声明基类型的对象引用 b;最后让其依次指向基类型的对象和派生类型的对象,并通过 "b. Method()"调用 Method 方法。

如何确定实际调用的方法呢?首先要看 Method 方法是不是虚方法。由于 Method 方法不是虚方法,在确定实际调用方法时,无论 b 引用的是基类型的对象,还是派生类型的对象,实际被调用的方法都是静态绑定,也就是说,对象与被调用的方法在编译阶段就被绑定了。接下来要确定程序绑定的是哪个方法,这取决于 b 在声明时的类型。由于此处 b 被声明为 BaseClass 类型,因此,最后都将调用 BaseClass 中的 Method 方法。

2. 动态绑定

动态绑定也称为运行时绑定。对于虚方法,由于是动态绑定,所以它在调用时绑定的方法取决于"对象名.方法名"中对象的实际类型。在实际的绑定过程中,如果对象的实际类型是基类型,那么该对象绑定的就是基类中的虚方法;如果对象的实际类型是派生类型,那么对象绑定的就是派生类中的重写方法。详见下面的例子。

【例 5-10】 方法的动态绑定。

```
//5-10.cs
//基类 BaseClass
class BaseClass
{
    public virtual void Method()
    {
        Console.WriteLine("调用基类中的方法");
    }
}


//派生类 DerivedClass,继承于 BaseClass
class DerivedClass : BaseClass
{
    public override void Method()
    {
        Console.WriteLine("调用派生类中的方法");
    }
```

```
    }

    //启动类
    class _5_10
    {
        static void Main(string[] args)
        {
            BaseClass b = new BaseClass();
            b.Method();
            b = new DerivedClass();
            b.Method();
        }
    }
```

例 5-10 的运行结果如图 5-14 所示。

图 5-14　例 5-10 的运行结果

从运行结果可以看出，如果基类的对象 b 在运行时的实际类型是基类类型 BaseClass，它将调用基类中的方法 Method；如果在运行时的实际类型是派生类型 DerivedClass，它将调用派生类中的重写方法 Method（前提条件是在派生类中重写了基类的虚方法，如果没有重写基类的虚方法，那么仍将调用基类中的方法，这一点一定要注意）。

如果对象的实际类型不是基类引用的直接派生类，而是间接派生类（不直接继承于该基类，而是从该基类的某个派生类继承），那么情况就会变得复杂。在这种情况下，系统会从该"对象名"的声明类型（基类型）开始，到该"对象名"的实际类型为止，按照它的继承层次依次在派生类中搜索该虚方法的重写方法。

【例 5-11】　多层次继承关系的方法绑定。

```
//5-11.cs
//基类 BaseClass
class BaseClass
{
    public virtual void Method()
    {
        Console.WriteLine("调用基类 BaseClass 中的方法");
    }
}

//第一级派生类 FirstDerivedClass,继承于 BaseClass
class FirstDerivedClass : BaseClass
{
    public override void Method()
```

```
        {
            Console.WriteLine("调用派生类 FirstDerivedClass 中的方法");
        }
    }

//第二级派生类 SecondDerivedClass,继承于 FirstDerivedClass
class SecondDerivedClass : FirstDerivedClass
{
}

//启动类
class _5_11
{
    static void Main(string[] args)
    {
        BaseClass b = new BaseClass();
        b.Method();
        b = new FirstDerivedClass ();
        b.Method();
        b = new SecondDerivedClass ();
        b.Method();
    }
}
```

例 5-11 的运行结果如图 5-15 所示。

图 5-15　例 5-11 的运行结果

在例 5-11 中,主函数中执行了 3 次"b.Method();"语句。前 2 次的执行原理与例 5-10 相同,但第 3 次的方法调用原理则有些复杂。当进行方法绑定时,从 b 的声明类型 BaseClass 开始,到 b 所引用的实际类型 SecondDerivedClass 结束,对该继承链进行搜索,找到其最末端的重写方法,即实际绑定的方法。由于没有在第二级派生类 SecondDerivedClass 中重写 Method方法,因此在第一级派生类 FirstDerivedClass 中重写的 Method 方法即实际绑定的方法。

3. 隐藏与重写的区别

第 5.2 节讲到了隐藏与重写,如果从基类继承得到的成员在派生类中需要重新定义新的实现的话,则可以使用隐藏或重写。那么,这两种方式有什么区别呢?其实之前的内容已经体现了隐藏与重写的区别:用基类引用调用方法时的绑定方式。

在例 5-9 中,方法的调用代码如下:

```
BaseClass b = new BaseClass();
b.Method();
```

```
b = new DerivedClass();
b.Method();
```

当使用基类引用 b 调用方法时，无论该基类引用指向的是基类对象还是派生类对象，它调用的都是基类中的方法。这是因为基类中的方法只是在派生类中被隐藏，对派生类来说对象不可见而已。

例 5-10 中的方法调用代码与例 5-9 相同，当基类引用 b 指向基类对象时，调用的是基类中的方法。但当基类引用 b 指向派生类对象时，由于方法已经在派生类中被重写，因此调用的是派生类中的方法。

5.4.2 多态的实现

继承的一个好处在于可以实现代码的复用：在现有类的基础上，用较少的代码创建一个或多个新的类；而另一个好处就在于可以实现多态。

多态通常被理解为：作用在同一对象上的同一方法却具有不同的执行结果。通过前面的章节我们已经知道，由于基类和派生类之间存在继承关系，所以基类对象在运行时可以是多种类型的：基类型、任何直接或间接的派生类型。那么，用该基类对象去调用同一方法时，通过动态绑定，则有可能产生不同的执行结果，这就是多态。例如，在例 5-10 中同样使用"b. Method( );"来调用方法，执行结果可能不同。

多态的实现方式如下。

（1）继承实现多态。通过派生类重载基类中的虚方法可以实现多态。

（2）抽象类实现多态（在接下来的章节讲到）。

（3）接口实现多态（在接下来的章节讲到）。

由此可以得出实现多态的两个条件，具体如下。

（1）具有一组相关（可以进行安全的类型转换）的类。实现方式有继承、实现抽象类、实现接口。

（2）相同签名的方法在这组相关类中具有不同的实现方式。实现方式有方法重写、实现抽象方法、实现接口方法。

在图书馆管理系统中，对例 5-6 中的主函数代码进行简单改写就能够实现多态。如下面的代码所示：

```
//学生读者类 Student，继承于读者类 Reader
class Teacher : Reader
{
    //在派生类中重写借书方法
    public override void BorrowBook(Book book)
    {
        base.BorrowBook(book);
        book.ReturnDate = book.BorrowDate.AddDays(90);
    }
}


class _5_6
{
```

```
static void Main(string[] args)
{
    Book b = new Book();            //新建图书
    b.BookID = "B0001";
    b.BookName = "C语言";

    Reader r = new Reader();        //新建读者

    Teacher t = new Teacher();      //基类教师读者
    t.ReaderID = "R0002";
    t.ReaderName = "Smith";
    r = t;                          //基类引用指向派生类对象
    r.BorrowBook(b);                //借书
    r.Display();                    //显示读者相关信息

    Student s = new Student();      //新建学生读者
    s.ReaderID = "R0001";
    s.ReaderName = "Tony";
    r = s;                          //基类引用指向派生类对象
    r.BorrowBook(b);                //借书
    r.Display();                    //显示读者相关信息
}
}
```

例 5-6 修改后的运行结果如图 5-16 所示。

图 5-16   例 5-6 修改后的运行结果

可见,同样的调用语句 r.BorrowBook(b)却有着完全不同的实现。这正是多态的神奇所在。多态的优点主要体现在以下两个方面。

(1) 派生类的方法都可以被基类的引用变量所调用,这样可以提高系统的可扩充性和可维护性。在上面的代码中,调用读者借书方法的语句都是 r.BorrowBook(b),而不管 r 引用的是基类对象还是派生类对象。这样一来,若系统再添加新的派生类型,如职工读者、校外读者等，则不需要修改调用语句。因此，系统的可扩充性和可维护性可以得到提高。

（2）应用程序不必为每一个派生类编写功能调用，只需对抽象基类进行处理，这样大大提高了程序的可复用性。如果派生类很多，则需要很多不同的调用语句，而多态可以使调用语句单一化，从而提高程序的可复用性。

注意，由隐藏与重写的区别可知：在派生类中隐藏方法不能实现继承式多态，因为这样不能使同一对象调用相同的方法而产生不同的结果。

5.5　抽　象　类

5.5.1　抽象类的概念

抽象类是指一个抽象的概念，面向对象的应用程序就是对现实世界的建模，而现实世界本身就有各种各样抽象的概念。比如"动物"这一概念，当我们想到动物时，可能会想到猫、狗等，但我们无法将动物与其中任何一种动物画等号。因此，我们说"动物"是一个抽象的概念，可用抽象类来描述。

在 C# 中，我们可以在类的声明中使用 abstract 关键字修饰一个类，以表明这个类是一个抽象类。抽象类不能直接使用，只能作为其他类的基类。一定要注意的是，抽象类不能实例化，正如我们无法从"动物"这一概念得到一个具体动物。声明一个抽象类的格式如下：

```
［访问修饰符］abstract class 类名
{
    //类的成员
}
```

例如：

```
public abstract class Animal
{
    //类的成员
}
```

下面的语句是错误的，因为抽象类只用于继承用途，而不能实例化：

```
Animal a = new Animal ();
```

5.5.2　抽象方法

类的方法（还包括属性、索引器）也可以是抽象的。这个概念比较容易理解，比如动物类 Animal 中要定义一个移动的方法 Move，由于我们无法确定具体是什么动物，所以也就不知道这个动物 Move 的行为是爬行、飞翔还是游动。因此，Move 方法就是一个抽象的方法。定义一个抽象的方法也用 abstract 关键字修饰。声明格式如下所示：

```
［访问修饰符］abstract 返回值类型 方法名称（［参数列表］）；
```

说明：

（1）抽象方法不能有实现代码，只能有方法的声明部分，在声明结束后要使用分号作为结尾。因为我们无法得知一个抽象的行为具体是如何实现的，因此也无法写出实现代码。例如：

```
public abstract void Move ();
```

（2）如果一个类包含抽象方法，那么该类就必须声明成为抽象类。一个类具有抽象的行为,意味着这个类具有抽象的概念,所以该类不能声明成为一个非抽象类。然而,一个抽象类并不一定要包含抽象方法。

```
//错误,包含抽象方法的类也必须是抽象的
public class Person
{
    public abstract void Say();
}
//正确,包含抽象方法的类应该为抽象类
public abstract class Person
{
    public abstract void Say();
}
//正确,抽象的类并不一定要包含抽象的方法
public abstract class Person
{
    public void Say();
}
```

(3) 静态成员不能是抽象的。

(4) 抽象方法类似于虚方法,或者说它是隐式的虚方法。除了修饰的关键字不同外,两者最大的区别在于虚方法可以有实现的具体代码。但抽象方法和虚方法一样,都可以在其派生类中被 override 关键字重写。也正是由于这个原因,才有了多态的第二种实现方式。

【例 5-12】　抽象方法的重写以及多态的实现。

```
//5-12.cs
//图书类
class Book { }

//抽象读者类 Reader
abstract class Reader
{
    //抽象方法——借书
    public abstract void BorrowBook(Book b);
}

//学生读者类 Student,继承于读者类 Reader
class Student : Reader
{
    //重写借书方法
    public override void BorrowBook(Book b)
    {
        Console.WriteLine("学生借书,可借 60 天");
    }
}
```

```
//教师读者类 Teacher,继承于读者类 Reader
class Teacher : Reader
{
    //重写借书方法
    public override void BorrowBook(Book b)
    {
        Console.WriteLine("老师借书,可借 90 天");
    }
}

//启动类
class _5_12
{
    static void Main(string[] args)
    {
        Book b = new Book();
        Reader r = new Student();
        r.BorrowBook(b);        //学生借书
        r = new Teacher();
        r.BorrowBook(b);        //老师借书
    }
}
```

例 5-12 的运行结果如图 5-17 所示。

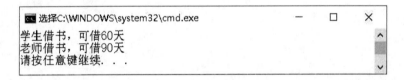

图 5-17　例 5-12 的运行结果

在例 5-12 中,派生类 Student 和 Teacher 都继承于抽象类 Reader,并且都使用 override 关键字重写了 Reader 中的抽象方法 BorrowBook。因此,这两个类中就都没有了抽象的方法,可以不再用 abstract 来修饰。另外,在主函数中调用借书方法时,不管基类引用 r 指向的是一个学生读者还是一个教师读者,都是使用语句 r.BorrowBook();来进行调用的,但得到的运行结果不同。由此验证了通过抽象类的继承也可以实现多态。

抽象类被用来继承,但该抽象类的派生类并不一定是非抽象类,也可以从一个抽象类派生出另一个抽象类。因为如果该派生类未通过 override 重写基类的方法,那么它就具有抽象的方法,根据上面的第二点说明,该派生类必须是抽象的。比如学生分为本科生和研究生,他们的借书行为不同,那么学生类 Student 就是一个抽象类。如下面的代码所示:

```
abstract class Reader
{
    public abstract void BorrowBook();
}
//该类未重写 BorrowBook 方法,因此类中包含抽象方法,需要将其声明为抽象类
```

```
abstract class Student : Reader
{
}
//在派生类 Undergraduate 中重写借书方法
class Undergraduate : Student
{
    public override void BorrowBook()
    {
        Console.WriteLine("本科生借书,可借 60 天");
    }
}
//在派生类 Graduate 中重写借书方法
class Graduate : Student
{
    public override void BorrowBook()
    {
        Console.WriteLine("研究生借书,可借 90 天");
    }
}
```

5.6　接　　口

所谓接口就是指一种规范和标准,它能够约束类的行为。接口可以被继承(也可叫实现),在接口内部定义一些行为规范,能够让其他的类继承该接口,从而有共同的行为。

接口的概念最初是从计算机硬件上引申过来的。我们可以想想计算机中的 USB 接口:USB 是一个外部总线标准,用于规范电脑与外部设备的连接和通信。USB 接口支持设备的即插即用和热插拔功能。而现在市面上有很多的移动设备都实现了该接口,都能在计算机上正常工作,比如大家常用的 U 盘、鼠标、键盘,以及有很多 USB 接口的小风扇、小台灯等。在使用或购置这些设备的时候,我们不用管这些设备是哪个厂家生产的,也不用管是国产的还是进口的,只要这些新的设备符合制定的 USB 通信标准,它们就能在此规范下很好地工作。这就是接口的作用所在。

同样的,在面向对象程序设计的领域,我们也可以通过接口定义其他类应该遵守的标准,然后让其他的类实现该接口,只要符合接口中定义的规范,这个类就可以正常工作。

5.6.1　声明接口

声明接口需使用 interface 关键字,声明格式如下:
[访问修饰符] interface 接口名称
{
    //接口成员
}
经分析,一个读者只有具备借书、还书、续借图书这 3 种行为,才能在图书馆中表现出正常的行为:

```
interface IReader
{
    void BorrowBook(Book b);
    void ReturnBook(Book b);
    void ReNewBook(Book b);
}
```

说明：

（1）接口成员不能是数据成员，只能是方法、属性、索引器和事件。因为接口就是为了制定类的行为标准。比如下面的代码，编译器就会报错："接口不能包含字段"。

```
interface IReader
{
    string id;
}
```

（2）接口的这些函数成员不能包含具体的实现代码，只给出方法的声明，而在声明结束后用分号作为结尾。接口只是"告诉"其他的类必须实现的行为方法。

（3）接口的成员在声明时不允许用任何访问修饰符修饰，隐式是 public 的。因为接口中的成员就是要"公布"给外界，让其他的类知道。为了防止因意外使用访问修饰符而使成员不可见，因此规定不能使用访问修饰符，就连 public 也不可以，否则，编译器会报错："修饰符 public 对该项无效"。

（4）在对接口进行命名时，建议以大写字母 I 开头，但这不是必要的。

（5）接口不能用 new 关键字实例化。下面的代码是错误的：

```
IReader r = new IReader();
```

5.6.2　实现接口

一个类要实现一个现有接口，首先需要在类的声明部分用冒号标识，就像继承一个基类一样；其次需要实现该接口中的所有方法，但要注意的是，在这里实现方法并不是指用 override 重写。格式如下：

```
［访问修饰符］class 类名：接口名称
{
    //类的成员
}
```

【例 5-13】　实现读者接口 IReader。

```
//5-13.cs
//图书类
class Book { }

//读者接口 IReader
interface IReader
{
    void BorrowBook(Book b);            //借书
    void ReturnBook(Book b);            //还书
    void ReNewBook(Book b);            //续借
```

```
}

//学生读者类 Student,实现读者接口 IReader
class Student :IReader
{
    public void BorrowBook(Book b)
    {
        Console.WriteLine("学生借书");
    }

    public void ReturnBook(Book b)
    {
        Console.WriteLine("学生还书");
    }

    public void ReNewBook(Book b)
    {
        Console.WriteLine("学生续借图书");
    }
}

//启动类
class _5_13
{
    static void Main(string[] args)
    {
        Book b = new Book();
        Student s = new Student();
        s.BorrowBook(b);
        s.ReturnBook(b);
        s.ReNewBook(b);
    }
}
```

例 5-13 的运行结果如图 5-18 所示。

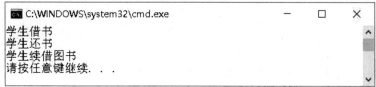

图 5-18　例 5-13 的运行结果

在例 5-13 中：

（1）接口 IReader 中定义了 3 个方法,在实现该接口时,必须实现接口中的 3 个方法,否则编译器就会报错，提示该类未实现其中的某些方法。

（2）实现的 3 个方法都必须用 public 访问修饰符修饰，否则编译器就会报错，提示无法实现接口的该方法。

（3）如果类 Student 在实现 IReader 接口时没有实现其中的某个方法，那么就必须在 Student 类中将该方法声明成为抽象方法，并且也要是 public 的。当然，类 Student 也要相应地被声明成为抽象类。如下面的代码所示：

```
abstract class Student : IReader
{
    public void BorrowBook()
    {
        Console.WriteLine("学生借书");
    }

    public void ReturnBook()
    {
        Console.WriteLine("学生还书");
    }
    //未实现接口中的方法，则需要被声明成为抽象的
    public abstract void ReNewBook();
}
```

5.6.3　实现多个接口

之前章节提过，C#只支持单继承，一个类不能直接派生于多个基类。试考虑这种情况：当前有两个类，一个是读者类，类中包含借书、还书、续借等方法；另一个是电子书读者类，类中包含电子书在线打开阅读、电子书下载等方法。当我们要创建一个学生读者类时，读者应该能够实现借书、还书、续借这些行为，也要能够实现电子书在线打开阅读、电子书下载这些行为，也就是说，他应该具有前面两个类中的这些方法。但是由于 C#的单继承，我们只能在读者类和电子书读者类中做出选择，继承其中的一个类，而另一个类中的方法就需要在派生类中重新实现。显然这样的做法并不完美，那么，应如何做到"鱼和熊掌兼得"呢？答案就是使用接口。我们可以使用这种方式实现所谓的"多继承"。

在 C#中，一个类可以实现多个接口。要实现的多个接口只需用逗号作为间隔即可。格式如下：

```
[访问修饰符]class 类名：接口 1 名称，接口 2 名称，接口 3 名称…
{
    //类的成员
}
```

值得一说的是，如果一个类同时继承于一个类，且实现了接口，则必须在类的声明部分将基类名称放在接口名称的前面。格式如下：

```
[访问修饰符]class 类名：基类名称，接口 1 名称，接口 2 名称，接口 3 名称…
{
    //类的成员
}
```

【例 5-14】 实现多个接口。

```
//5-14.cs
using System;
//图书类
class Book { }

//电子图书类
class ElecBook { }

//读者接口 IReader
interface IReader
{
    void BorrowBook(Book b);          //借书
    void ReturnBook(Book b);          //还书
    void ReNewBook(Book b);           //续借
}

//电子书读者接口
interface IElecBookReader
{
    void OnlineOpenBook(ElecBook ebb);    //在线打开图书
    void DownLoadBook(ElecBook ebb);      //下载电子书
}

//学生读者类实现读者接口和电子书读者接口
class Student :IReader, IElecBookReader
{
    public void BorrowBook(Book b)
    {
        Console.WriteLine("学生借书");
    }
    public void ReturnBook(Book b)
    {
        Console.WriteLine("学生还书");
    }
    public void ReNewBook(Book b)
    {
        Console.WriteLine("学生续借图书");
    }
    public void OnlineOpenBook(ElecBook eb)
    {
        Console.WriteLine("学生在线打开阅读电子书");
    }
    public void DownLoadBook(ElecBook eb)
```

```
        {
            Console.WriteLine("学生下载电子书");
        }
    }


    //启动类
    class _5_14
    {
        static void Main(string[] args)
        {
            Book b = new Book();
            ElecBook eb = new ElecBook();
            Student s = new Student();
            s.BorrowBook(b);                    //借书
            s.ReturnBook(b);                    //还书
            s.ReNewBook(b);                     //续借

            s.OnlineOpenBook(eb);               //在线打开电子书
            s.DownLoadBook(eb);                 //下载电子书
        }
    }
```

例 5-14 的运行结果如图 5-19 所示。

图 5-19　例 5-14 的运行结果

　　一次实现多个接口固然为系统设计和编码带来了很多好处,但是也会带来一些问题。因为我们在实现多个接口时,无法保证这些接口中没有相同方法签名的方法存在。如果遇到这样的情况,编译器会如何处理呢?

　　比如,在图书馆管理系统中,读者接口和电子书读者接口中都增加一个行为方法 ShowBook,但是含义不同。在读者接口中,该方法的作用是显示当前读者的已借图书,而在电子书读者接口中,该方法的作用是显示当前读者已下载的电子书。

　　在这种情况下,如果一个类实现了多个接口,且这些接口中存在相同方法签名以及返回值的方法,那么对该方法的实现可以被看作对这些接口的共同实现。代码如下:

```
//读者接口
interface IReader
{
    void ShowBook();                //显示当前读者的已借图书
}
```

```
//电子书读者接口
interface IElecBookReader
{
    void ShowBook();                //显示当前读者已下载的电子书
}


class Student :IReader,IElecBookReader
{
    public void ShowBook()
    {
        Console.WriteLine("显示图书信息");
    }
}
```

以上代码可以正确编译,也可以正常运行,读者可以自行验证。可见,重复的接口成员只需要实现一次,就能够满足这些接口的需要。不过这里一定要注意,相同重复的接口成员并不仅仅是指具有相同签名的方法,还包括这些方法的返回值类型。也就是说,方法名称、参数列表以及返回值类型都是相同的。例如,下面的代码就会出错,提示未实现接口 IElecBookReader中的 ShowBook 方法,因为它的返回值为 int 类型。

```
public interface IReader
{
    void ShowBook();                //显示当前读者的已借图书
}
public interface IElecBookReader
{
    int ShowBook();                 //显示当前读者已下载的电子书
}
class Student :IReader,IElecBookReader
{
    public void ShowBook()          //当作接口 IReader 中 ShowBook 方法的实现
    {
        Console.WriteLine("显示图书信息");
    }
}
```

5.6.4　接口实现多态

可能有读者会认为,接口的定义与实现作用不大。因为接口中并没有方法的实现代码,方法的具体实现还是要在实现这些接口的类中去编写,编码的工作量并没有减少,为了声明接口,写代码的工作量反而增加了。然而,接口可以在行使“标准化”类的行为的同时实现多态。

类在实现接口时,需要在冒号后面加上接口的名称,这样看起来与派生类继承于基类的方式相同。实际上,实现接口有时也称为接口继承。一个类通过实现接口,可以将该类的对象安全地转换为接口类型的引用。因此,当我们用一个接口类型的引用去调用它的方法时,可以通过方法的动态绑定实现多态。

【例 5-15】 接口实现多态。

```
//5-15.cs
using System;
//图书类
class Book { }

//读者接口 IReader
interface IReader
{
    void BorrowBook(Book b);          //借书
}

//学生读者类 Student,实现读者接口 IReader
class Student :IReader
{
    public void BorrowBook(Book b)
    {
        Console.WriteLine("学生借书,可借 60 天");
    }
}
//教师读者类 Teacher,实现读者接口 IReader
class Teacher :IReader
{
    public void BorrowBook(Book b)
    {
        Console.WriteLine("老师借书,可借 90 天");
    }
}

//启动类
class _5_15
{
    static void Main(string[] args)
    {
        Book b = new Book();
        IReader IR = new Student();
        IR.BorrowBook(b);             //学生借书
        IR = new Teacher();
        IR.BorrowBook(b);             //老师借书
    }
}
```

例 5-15 的运行结果如图 5-20 所示。

在例 5-15 中,主函数中通过"IR.BorrowBook(b);"两次调用借书方法,却得到了不同的执行结果,这是因为接口引用分别指向了实现该接口的两个对象引用。程序在运行时能够正确地进行方法的动态绑定。

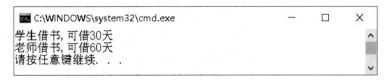

图 5-20　例 5-15 的运行结果

5.6.5　显示实现接口

当一个类实现多个接口时,如果两个或多个接口之间存在具有相同签名和返回值的方法的话,我们只需要实现一次,就能够满足这些接口的需要。那么,如果我们希望为这些接口的相同方法创建不同的实现方式呢?我们就需要创建接口的显式实现。

显式实现接口成员时,需要在类中指明该方法是哪个接口中的方法,要用"接口名.方法名"的方式明确指出。

【例 5-16】　接口的显示实现。

```
//5-16.cs
//图书类
class Book { }

//读者接口
interface IReader
{
    void ShowBook(Book b);            //显示当前借阅图书
}

//电子书读者接口
interface IElecBookReader
{
    void ShowBook(Book b);            //显示当前读者已下载的电子书
}

class Student :IReader, IElecBookReader
{
    void IReader.ShowBook(Book b)
    {
        Console.WriteLine("读者接口中的 ShowBook 方法");
    }
    void IElecBookReader.ShowBook(Book b)
    {
        Console.WriteLine("电子书读者接口中的 ShowBook 方法");
    }
    public void ShowBook(Book b)
    {
```

```
                Console.WriteLine("学生读者类中的 ShowBook 方法");
        }
    }


class _5_16
{
    static void Main(string[] args)
    {
        Book b = new Book();
        Student s = new Student();
        s.ShowBook(b);
        IReader r = s;
        r.ShowBook(b);
        IElecBookReader e = s;
        e.ShowBook(b);
    }
}
```

例 5-16 的运行结果如图 5-21 所示。

图 5-21　例 5-16 的运行结果

对象 s 中的 ShowBook 方法如图 5-22 所示。

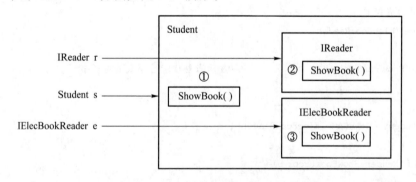

图 5-22　对象 s 中的 ShowBook 方法

由图 5-22 可知，在 Student 类中，存在 3 个 ShowBook 方法的实现，其中②和③分别是两个接口的显式实现。类级别的 ShowBook 方法实现①并不是必要的，因为已经对两个接口分别进行了显式实现。唯一的区别在于，如果没有方法①，那么就无法使用类的对象 s.ShowBook() 来调用 ShowBook 方法。如果②和③之中有一个没有实现或都没有实现，那么方法①就必不可少，它将被当作默认的实现方法。因此，在 Student 类中，以下的实现方法搭配都是正确的（见表 5-2），唯一需要区分的是调用方法的选择。

表 5-2　类 Student 中实现的方法组合及调用结果

类 Student 中实现的方法	r. ShowBook()的调用结果	e. ShowBook()的调用结果	s. ShowBook()的调用结果
①	①	①	①
①和②	②	①	①
①和③	①	③	①
②和③	②	③	编译错误

5.7　密封类和静态类

5.7.1　密封类

用户不能对抽象类进行实例化,而设计抽象类的目的就是让它被继承。然而在 C♯ 中,还有一种类被设计成不能被任何类所继承。这种类在声明时将关键字 sealed 置于关键字 class 的前面,我们称其为密封类(Sealed)。

```
［访问修饰符］sealed class 类名
{
    //类成员定义
}
```

例如:

```
public sealed class SealedClass
{
    //类成员定义
}
```

由于密封类不能用作基类,因此它也不是抽象类。密封类主要用于防止派生。

如果试图对密封类进行派生,将会出现编译错误:"A:无法从密封类型 SealedClass 派生"。如下面的代码所示:

```
public class A :SealedClass
{
    //类成员定义
}
```

5.7.2　静态类

类可以声明为 static,我们称之为静态类。如果一个类的成员独立于实例对象,即无论对象发生什么更改,这些数据和函数都不会随之变化,那么我们就可以使用静态类。这种类在声明时将关键字 static 置于关键字 class 的前面:

```
［访问修饰符］static class 类名
{
    //类成员定义
}
```

说明：

（1）不能使用 new 关键字创建静态类的实例。

（2）静态类是密封的，因此不可被继承。

（3）类的所有成员都必须是静态的，包括构造函数。

静态类能够使成员的访问更简单、迅速，因为程序中不必创建对象就能调用类中定义的方法。以一种有意义的方式组织类内部的方法（如 System 命名空间中 Math 类和 Environment 类的方法）是很有用的。Math 类和 Environment 类的声明如下：

public static class Math

public static class Environment

Math 类为三角函数、对数函数和其他通用数学函数提供了常数和静态方法，比如求解正弦函数 Sin() 和余弦函数 Cos() 等；而 Environment 类提供了有关当前环境和平台的信息以及相关操作，比如属性 UserName 用来获取当前已登录到 Windows 操作系统的人员的用户名。对于这两个类中的成员，我们没有必要去初始化一个实例然后再去引用，因此可以将类和成员都声明成为静态的。

【例 5-17】 声明一个简单的数学计算的静态类。

以下静态类中声明了 1 个常量 PI 和 2 个静态方法，一共 3 个成员。IsEven 方法用来判断一个整数是不是偶数，CircleArea 方法用来计算一个圆的面积（根据半径计算）。当试图在静态类中声明一个实例字段时，编译器会报错："MyMath. k：不能在静态类中声明实例成员"。我们也要注意该类中的成员 PI，它被声明成为 const 常量，而没被声明成为静态 static 的。但是程序同样能够正确运行，这正如我们在讲常量时说到的那样：常量类似于类的静态成员。

```
//5-17.cs
//静态类 MyMath
public static class MyMath
{
    //public int k；  错误
    public const double PI = 3.14;
    //检查一个数是不是偶数
    public static bool IsEven(int Num)
    {
        return Num % 2 == 0;
    }
    //根据半径计算一个圆的面积
    public static double CircleArea(double r)
    {
        return PI * r * r;
    }
}

//启动类
class _5_17
{
    static void Main(string[] args)
```

```
    {
        int n;
        double r;
        Console.WriteLine("请输入一个整数");
        n = int.Parse(Console.ReadLine());
        if (MyMath.IsEven(n))
            Console.WriteLine("n是一个偶数");
        else
            Console.WriteLine("n是一个奇数");

        Console.WriteLine("请输入圆的半径");
        r = double.Parse(Console.ReadLine());
        Console.WriteLine("面积:" + MyMath.CircleArea(r).ToString());
    }
}
```

例 5-17 的运行结果如图 5-23 所示。

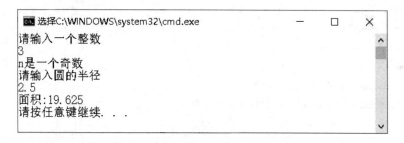

图 5-23 例 5-17 的运行结果

请注意,当引用静态类的成员时,一定要用类名直接引用。我们不能也根本无法创建一个静态类的实例,但可以用实例引用静态类的成员。

5.8 访问修饰符进阶

上一章已经简单介绍了有关类和类成员的可访问性。访问修饰符有 5 种:public、protected、private、internal、protected internal。我们可以通过访问修饰符限定类或类的成员能否被其他代码访问到。

在进一步讨论这些访问修饰符前,先列出一些有关访问修饰符的通用原则。

(1) 类的访问修饰符只能是 public 和 internal。如果省略,则默认为 internal。不过嵌套类(在其他类中声明的类)除外。如果是嵌套类,则可以使用 5 种修饰符中的任何一种。对于嵌套类来说,如果省略了访问修饰符的定义,则默认为 private。

(2) 类的成员可以是 5 种访问修饰符中的任意一种。如果省略,则默认为 private。

(3) 当用访问修饰符来修饰一个类或类的成员时,只能选择 5 种修饰符中的一种。比如,我们不能把一个类同时标识为 internal 和 public。

(4) 在同一类中,所有显示声明的成员,无论其用什么访问修饰符修饰,都能够互相访问。

下面通过一个实例来阐述各种访问修饰符的可见性。

【例 5-18】 访问修饰符。

```csharp
//5-18.cs
using System;
//基类 BaseClass
class BaseClass
{
    public string m1;
    internal string m2;
    protected string m3;
    protected internal string m4;
    private string m5;

    //在类的内部,所有成员都可以被访问,例如:
    internal void ShowMembers()
    {
        m1 = "m1";
        m2 = "m2";
        m3 = "m3";
        m4 = "m4";
        m5 = "m5";
        Console.WriteLine("在类的内部:");
        Console.WriteLine("所有数据成员被访问\n");
    }
}


//位于同一程序集内的派生类 DerivedClass
class DerivedClass : BaseClass
{
    public void ShowMembers()
    {
        m1 = "m1";
        m2 = "m2";
        m3 = "m3";
        m4 = "m4";
        Console.WriteLine("在同一程序集内的派生类中:");
        Console.WriteLine("public、protected、internal、protected internal 的成员可以被访问\n");
    }
}


//位于同一程序集内的非派生类
class InternalClass
{
    protected internal void ShowMembers()
    {
```

```
        BaseClass bc = new BaseClass();
        bc.m1 = "m1";
        bc.m2 = "m2";
        bc.m4 = "m4";
        Console.WriteLine("在同一程序集内的非派生类中:");
        Console.WriteLine("public、internal、protected internal 的成员可以被访问");
    }
}

//同一程序集中的启动类
class _5_18
{
    static void Main(string[] args)
    {
        BaseClass bc = new BaseClass();
        //访问类 BaseClass 中的 internal 方法
        bc.ShowMembers();
        DerivedClass dc = new DerivedClass();
        //访问类 DerivedClass 中的 public 方法
        dc.ShowMembers();
        InternalClass ic = new InternalClass();
        //访问类 InternalClass 中的 protected internal 方法
        ic.ShowMembers();
    }
}
```

例 5-18 的运行结果如图 5-24 所示。

图 5-24 例 5-18 的运行结果

在例 5-18 中,首先声明了一个类 BaseClass,该类包含各种访问修饰符修饰的 5 个数据成员;然后分别在类内部、同一程序集内部的派生类、同一程序集内部的非派生类中对其可访问的成员进行了访问;最后得到了各种访问修饰符的访问原则。注意,在启动类的主函数中,程序分别对其他 3 个类中的 ShowMembers 方法进行了调用。这 3 个方法之所以能够在启动类中被访问,正是因为这 3 个方法在 3 个类中分别被定义成为 internal、public、protected internal。这进一步地验证了访问修饰符的访问原则。

各种访问修饰符的访问可见性如表 5-3 所示（空白表示不能访问）。

表 5-3　各种访问修饰符的访问可见性

	同一程序集		不同程序集	
	派生类	非派生类	派生类	非派生类
public	是	是	是	是
protected	是		是	
private				
internal	是	是		
protected internal	是	是	是	

5.9　方法进阶

5.9.1　扩展方法

在使用一个类时，如果发现该类中声明的方法不够齐全，我们需要向该类中添加方法。如果有该类的源代码，则可以在类中直接添加；如果没有该类的源代码，则可以通过继承该类的方法，在派生类中添加新的方法。但是假若该类被声明成为密封类，同时又没有源代码，我们该如何做呢？事实上，.NET 类库中的很多类都被声明成了密封类，同时我们又无法修改其源代码。

在之前的章节中，我们只能在类的内部声明该类的方法。而 C#3.0 中增加了扩展方法，我们可以在一个类的外部声明属于该类的方法。或者说，我们可以通过扩展方法向现有类中"添加"方法。扩展方法是一种特殊的静态方法，但调用方式与调用实例方法相同。

声明扩展方法时，需要声明一个静态类，且该类中包含静态方法，格式如下：

```
static class 类名
{
    public static 返回值类型 扩展方法名称(参数列表)
    {
        //方法体
    }
}
```

说明：

（1）扩展方法必须用 public static 修饰。

（2）扩展方法的参数必须用 this 修饰。

（3）参数列表的第一个参数的类型为该方法所要扩展的类，并且该参数以 this 修饰符为前缀。比如希望为类 A 增加扩展方法，则参数声明为

```
(this A a)
```

在.NET 类库中，我们常用的 String 类有一个 Length 属性，利用该属性可以得到字符串的字符数。而当我们需要用一个新的方法来得到字符串中数字的个数时，就需要用到扩展方法。因为 String 类被声明成为密封类，所以我们无法通过继承来新增方法。

【例 5-19】 为 String 类声明扩展方法。

```
//_5_19.cs
//扩展方法所在的静态类 ExtendString
static class ExtendString
{
    //扩展 String 类的扩展方法 NumCount
    public static int NumCount(this String str)
    {
        int Count = 0;
        //遍历字符串中的字符,找出数字
        for (int i = 0; i < str.Length; i++)
        {
            if (char.IsNumber(str[i]))
                Count++;
        }
        return Count;
    }
}


//启动类
class _5_19
{
    static void Main(string[] args)
    {
        string TestString = "abcd1234~!@#";
        Console.WriteLine("字符串" + TestString + "中数字的个数为:" +
        TestString.NumCount().ToString());
    }
}
```

例 5-19 的运行结果如图 5-25 所示。

图 5-25　例 5-19 的运行结果

在例 5-19 中,当执行调用语句 TestString.NumCount()时,编译器首先会在类 String 的实例方法中寻找签名匹配的方法 NumCount,如果未找到,编译器将搜索 String 的所有扩展方法,并且绑定到它找到的第一个扩展方法。调用扩展方法时,编译器会自动转换为对静态类 ExtendString 中静态方法 NumCount 的调用,因此,扩展方法不会真正违反封装原则。实际上,扩展方法无法访问被扩展类的私有变量。

5.9.2 外部方法

在 C#中，我们不仅可以调用.NET 平台下的托管代码编写的方法，还能调用其他非托管代码编写的方法。比如，我们可以调用 C、C++、Delphi 等语言编写的方法，调用之前需要先使用 extern 关键字将这些方法声明为外部方法，具体格式如下：

［访问修饰符］static extern 返回值类型（参数列表）；

说明：

（1）外部方法必须声明成为静态的。

（2）返回值类型和参数列表需要和原方法的声明相匹配。

（3）外部方法只有声明而不包含实现方法体，用分号结束。

（4）非托管的方法一般封装在动态链接库（.dll 文件，与.NET 平台的程序集概念有所区别）中，需要使用 DllImport 特性（之后章节会介绍）引入对应的 dll 文件。要使用该特性，还必须加入 System.Runtime.InteropServices 命名空间。

【例 5-20】 外部方法的声明与调用。

```
//5-20.cs
//外部方法所在的类 ExternMethod
class ExternMethod
{
    //引入外部方法,声明方法
    //参数 hWnd:指定消息框的父窗口(句柄),如果没有,可为 0
    //参数 msg:要弹出的消息内容
    //参数 caption:消息框的标题
    //参数 type:消息框中显示的按钮("确定""取消"等)与图标形式("提示""出错"等)
    [DllImport("user32.dll")]
    public static extern int MessageBox(int hWnd, string msg, string caption, int type);
}


//启动类
class _5_20
{
    static void Main(string[] args)
    {
        ExternMethod.MessageBox(0, "调用的外部方法", "消息框", 1);
    }
}
```

例 5-20 的运行结果如图 5-26 所示。

图 5-26 例 5-20 的运行结果

习　题　5

一、选择题

1. 在 C♯ 中,关于继承和接口,以下说法正确的是(　　)。

A. C♯ 允许许多接口实现,也允许多重继承

B. C♯ 允许多接口实现,但不允许多重继承

C. C♯ 不允许多接口实现,但允许多重继承

D. C♯ 不允许多接口实现,也不允许多重继承

2. 如果基类的访问权限是 internal,那么派生类的访问权限可以是(　　)。

A. internal　　　　B. public　　　　C. protected　　　　D. 以上都不正确

3. A 类被 B 类继承,B 类被 C 类继承,那么 C 类具有了 A 类的特征,这表现了类的(　　)。

A. 封装性　　　　B. 传递性　　　　C. 规律性　　　　D. 多态性

4. 以下关于虚方法的描述中,错误的是(　　)。

A. 虚方法使用 virtual 关键字修饰

B. 虚方法可以使用 private 关键字修饰

C. 虚方法可以是实例方法和静态方法

D. 虚方法可以在派生类中被重写

5. C♯ 中的方法重写使用关键字(　　)。

A. inherit　　　　B. overload　　　　C. static　　　　D. override

6. 以下关于类型转换的叙述中,错误的是(　　)。

A. 派生类型可以安全地转换为基类类型

B. 基类类型转换为派生类型不一定是安全的

C. 通过 is 运算符,可以检查对象是否与给定类型兼容

D. as 运算符的结果是布尔类型

7. 在 C♯ 中,接口与抽象基类的区别在于(　　)。

A. 抽象基类可以包含非抽象方法,而接口只能包含抽象方法

B. 抽象基类可以被实例化,而接口不能被实例化

C. 抽象基类不能被实例化,而接口可以被实例化

D. 抽象基类就是接口,它们之间无差别

8. 在开发某图书馆的图书信息管理系统的过程中,首先需要为教材类图书建立一个 TextBook 类,因为现在要增加杂志类图书,于是需要改变设计,则下面最好的设计应该是(　　)。

A. 建立一个新的杂志类 Journal

B. 建立一个新的杂志类 Journal,并继承 TextBook 类

C. 建立一个基类 Book 和一个新的杂志类 Journal,并让 Journal 类和 TextBoook 类都继承于 Book 类

D. 不建立任何类,把杂志图书的某些特殊属性加到 TextBoook 类中

9. 作用在同一对象上的同一方法却具有不同的执行结果,体现了面向对象的(　　)。

A. 封装性　　　　B. 多样性　　　　C. 继承性　　　　D. 多态性

10. 下列代码的输出结果为(　　)。

```
class Father{undefined
    public void F() {Console.WriteLine("A.F"); }
    public virtual void G() {Console.WriteLine("A.G"); }
}
class Son: Father{undefined
    new public void F() {Console.WriteLine("B.F"); }
    public override void G() {Console.WriteLine("B.G"); }
}
class override_new{undefined
    static void Main() {undefined
        Son b = new Son();
        Father a = b;
        a.F();
        b.F();
        a.G();
        b.G();
    }
}
```

A.　A.F　　B.F　　A.G　　B.G

B.　A.F　　B.F　　B.G　　B.G

C.　A.F　　A.F　　B.G　　B.G

D.　B.F　　B.F　　B.G　　B.G

二、填空题

1. C#中，所有类都有一个共同的父类_____。

2. 派生类中的构造函数可以使用_____关键字和_____指明使用基类中哪一个构造函数。

3. 若在派生类中有意隐藏从父类继承得到的成员，则可以使用关键字_____。

4. 虚方法使用_____关键字修饰，重写虚方法使用_____关键字修饰。

5. 表达式_____判断对象 obj1 是不是 Book 类型。

6. 若在编译时能够确立方法调用关系，称为方法的_____；若在运行时才能够确立方法调用关系，称为方法的_____。

7. 接口的成员在声明时不允许用任何访问修饰符修饰，默认访问权限是_____。

8. sealed 关键字的作用是_____。

9. 若省略了类的访问修饰符，则默认是_____；若省略了类的成员的访问修饰符，则默认是_____。

10. 在 C#中，若要调用 C++语言编写的方法，需要先使用_____关键字进行声明，这些方法被称为_____方法。

三、简答题

1. 什么是类的继承？继承的优点是什么？怎样定义派生类？

2. 简述创建派生类对象时，构造函数的调用。对于有参数的基类构造函数，派生类如何向基类构造函数传递参数？

3. Object 类的特点是什么？它提供了哪些公共方法？它有父类吗？

4. 什么是密封类和密封方法？定义密封类与密封方法使用的关键字是什么？

5. 什么是多态性？多态性有什么作用？

6. 如何声明基类虚方法，以及如何在派生类中重载基类虚方法？

7. 如果在派生类中重载了基类中的方法，那么，怎样在派生类中实现对基类方法的调用呢？

8. 什么是抽象类？抽象类的特点是什么？

9. 抽象方法与虚方法有什么异同？

10. 通过查阅 MSDN，举例说明. NET 类库中常用的抽象类与密封类。

四、编程题

1. 写出程序的输出结果：

```
public abstract class A
{
    public A()
    {
        Console.WriteLine('A');
    }
    public virtual void Fun()
    {
        Console.WriteLine("A.Fun()");
    }
}
public class B: A
{
    public B()
    {
        Console.WriteLine('B');
    }
    public new void Fun()
    {
        Console.WriteLine("B.Fun()");
    }
    public static void Main()
    {
        Aa = new B();
        a.Fun();
    }
}
```

2. 写出程序的输出结果：

```
public class A
{
    public virtual void Fun1(int i)
    {
        Console.WriteLine(i);
```

```
        }
        public void Fun2(A a)
        {
            a.Fun1(1);
            Fun1(5);
        }
    }
    public class B : A
    {
        public override void Fun1(int i)
        {
            base.Fun1 (i + 1);
        }
        public static void Main()
        {
            B b = new B();
            A a = new A();
            a.Fun2(b);
            b.Fun2(a);
        }
    }
}
```

3. 定义一个体育活动类（Sports）作为基类，它有一个进行活动的方法 play。足球（Football）和篮球（Basketball）都是体育活动类的派生类。请在测试类的主函数中编写一个方法 howToPlay(Sports sp)，该方法要求传递一个 Sports 类型的参数。该方法的作用是：

(1) 当传入的实例类型为 Football 时，控制台上应打印："足球是用脚踢的！"；

(2) 当传入的实例类型为 Basketball 时，控制台上应打印："篮球是用手打的！"。

在 main 方法中调用 howToPlay() 验证代码的正确性。

4. 设计一个可在屏幕上作图（如点、线矩形、圆等图形）的简单实例，要求是不必真正在屏幕上实现作图，只有一个示意即可。例如：画一个矩形，但不必真正画出矩形，只需输出一句话："This is a rectangle !"。要用到继承、虚函数、多态、数据封装、构造函数实现等各种面向对象程序设计的相关知识。

5. 先定义一个接口 ICry，该接口包含一个 Cry 方法，然后分别定义 Cat 和 Dog 类，实现 ICry 接口，最后基于多态实现 Cat 和 Dog 类中 Cry 方法的调用。

6. 先编写一个通用的人员类 Person，该类包含姓名、年龄、性别等信息；然后编写一个子类 Student，该类包含 3 门课的成绩、多个构造函数以及一个计算平均分的方法；最后在主函数中基于不同构造函数初始化多个 Student 对象并分别计算输出平均分。

7. 先设计一个基类，并在其中创建方法 MConvert，该方法可接收一个代表公里数的参数并将其转换为相应的英里数；然后创建一个子类，增加一个新方法 KConvert，该方法可以将公斤转换为磅；最后在主函数中基于子类对象测试这两个方法。注：1 公里≈0.62 英里；1 公斤≈2.2 磅。

8. 手机具有内存、处理器、屏幕等相关参数，同时具备拨打电话、播放音乐等通用功能，此外，不同厂家和不同类型的手机还具备一些特性功能，试利用继承、抽象类、接口等面向对象概念实现该应用场景。

第6章 异常处理

在编写程序的过程中,程序员会不可避免地发生错误。有的错误可以在编译时被发现,从而得以及时修改;而有的错误则是在运行时才被发现。在程序运行时发生的错误称为异常。利用 C#中的异常处理方法,我们可以很好地对异常进行捕捉和处理,以保证程序的正常运行。

本章首先介绍异常的概念,然后介绍如何引发异常,以及如何对异常进行捕捉和处理,最后介绍如何检查整型溢出。

6.1 什么是异常

C#中的异常是一种特殊的对象。如果程序在运行期间发生了错误,异常就会发生。引发异常会中断当前的程序,如果不采取措施,程序将会停止运行。

程序中的 bug(如数字被零除)或某些意外输入(如用户选择了不存在的文件)都有可能造成异常。

【例 6-1】 被零除的异常。

```
//6-1.cs
class _6_1
{
    static void Main(string[] args)
    {
        int i, j, k;
        i = 3;
        j = 1;
        //k = i/0;
        k = i/j-- ;
        Console.WriteLine("3/1 = " + k);
        k = i/j;
        Console.WriteLine("3/0 = " + k);
    }
}
```

在例 6-1 中,当删掉 Main 方法中第 4 行语句的注释符号时,运行程序会出现错误,如图 6-1 所示,控制台提示该行(行号 17)出现了异常 System.DivideByZeroException,程序被中断。

倘若直接运行例 6-1 的程序,当代码运行到"k=i/j;"这一行(行号 20)时,程序会出现异常 System.DivideByZeroException,程序被中断,控制台会出现如图 6-2 所示的运行结果。

153

图 6-1　除以常数零的运行结果

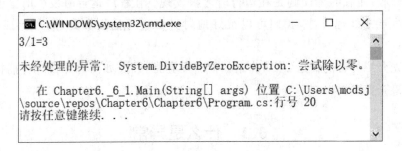

图 6-2　例 6-1 的运行结果

在执行程序时，直接触发某个异常，会使得程序无法继续运行，由此进入中断状态。

【例 6-2】　空引用的异常。

```
//6-2.cs
class _6_2
{
    static void Main(string[] args)
    {
        object o = "Hello";
        Console.WriteLine(o.ToString());
        o = null;
        Console.WriteLine(o.ToString());
        o = 123;
        Console.WriteLine(o.ToString());
    }
}
```

例 6-2 的运行结果如图 6-3 所示。

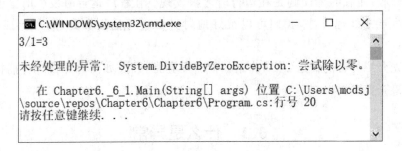

图 6-3　例 6-2 的运行结果

在例 6-2 中,当对象"o"赋值为 null 时,程序直接抛出了一个 System. NullReferenceException 异常,进入中断状态。

6.2 Exception 类

在.NET 框架中,所有异常都被处理为一个对象,其对应的类都是从 System. Exception 类及其派生类继承而来的。Exception 类是所有异常的基类。表 6-1 按层次结构列出了.NET 框架中提供的部分标准异常类。

表 6-1 .NET 框架中提供的部分标准异常类

异常类型	基类型	说明
Exception	Object	所有异常的基类
SystemException	Exception	所有运行时生成的错误的基类
IndexOutOfRangeException	SystemException	只有对数组进行错误的索引时,才由运行库引发
NullReferenceException	SystemException	只有引用 null 对象时,才由运行库引发
AccessViolationException	SystemException	只有访问无效内存时,才由运行库引发
InvalidOperationException	SystemException	当处于无效状态时,由方法引发
ArgumentException	SystemException	所有参数异常的基类
ArgumentNullException	ArgumentException	由不允许参数为 null 的方法引发
ArgumentOutOfRangeException	ArgumentException	由验证参数是否位于给定范围内的方法引发
ExternalException	SystemException	在运行库的外部环境中发生的异常
ComException	ExternalException	封装 COM HRESULT 信息的异常
SEHException	ExternalException	封装 Win32 结构化异常处理信息的异常

Exception 类的若干属性可以帮助我们了解异常。这些属性包括以下几个。

(1)StackTrace 属性。此属性包含可用来确定错误发生位置的堆栈跟踪。

(2)InnerException 属性。此属性可在异常处理过程中创建和保留一系列异常。我们可以使用此属性创建一个新异常,以包含以前捕捉的异常。

(3)Message 属性。此属性提供有关异常起因的详细信息。

(4)HelpLink 属性。此属性可保存某个帮助文件的 URL(或 URN),该文件提供有关异常起因的大量信息。

(5)Data 属性。此属性是可以保存任意数据(以键值对的形式)的 IDictionary。

6.3 异常的捕捉和处理

C♯的异常处理功能可以帮助程序员处理程序运行时出现的任何异常情况。C♯中一般使用 try、catch 和 finally 关键字来检测、处理异常和继续运行程序。

6.3.1 try 语句结构

在 C♯中,try 语句结构用来捕捉和处理语句块执行过程中发生的异常。其中,try 语句块用来存放可能会出现异常的代码;catch 语句块用来处理所产生的异常;finally 语句块用来存放无论有无异常都会执行的代码。

try 语句结构有 3 种使用形式。

第一种形式：

```
try
{
    //程序代码
}
catch (System.Exception ex)
{
    //错误处理代码
}
```

第二种形式：

```
try
{
    //程序代码
}
finally
{
    //finally 代码
}
```

第三种形式：

```
try
{
    //程序代码
}
catch (System.Exception ex)
{
    //错误处理代码
}
finally
{
    //finally 代码
}
```

可以看到，try 语句块必须与 catch 或 finally 语句块一起使用。另外，我们可以根据需要设置多个 try 语句块。catch 语句块在使用时也可以不带任何参数，这种情况下它会捕获任何类型的异常。

程序运行时，如果发生了异常，系统会检查引发异常的语句是否在某一个 try 语句块中。如果是，则在出现异常的那句代码处中断，转去执行该 try 语句结构中对应的 catch 或 finally 语句块，直到程序结束。

【例 6-3】 使用 try-catch-finally 语句。

```
//6-3.cs
class _6_3
{
```

```
static void Main(string[] args)
{
    int[] array = new int[2];
    for (int i = 0; i <= 2; i++)
    {
        try
        {
            array[i] = i;
            Console.WriteLine("array[{0}] = {1},没有引发异常",i,i);
        }
        catch(Exception e)
        {
            Console.Write("array[{0}] = {1},引发了异常:", i, i);
            Console.WriteLine(e.Message);
        }
        finally
        {
            Console.WriteLine("赋值完成,并运行了 finally 语句块");
        }
    }
}
```

例 6-3 的运行结果如图 6-4 所示。

图 6-4 例 6-3 的运行结果

6.3.2 多个 catch 语句块

在一个 try 语句块中,程序代码有可能会引发多个不同的异常。因此,在同一个 try 语句结构中,我们可以同时使用多个 catch 语句块。这种情况下,catch 语句的书写顺序很重要。这是因为在出现异常时,程序会从 try 语句结构的第一个 catch 语句块开始,逐个按顺序检查 catch 语句块中的异常参数类型与实际出现的异常是否匹配。如果按顺序找到了一个匹配的 catch 语句块,则执行该子句中的异常处理代码。之后,程序不再执行其他的 catch 语句块,而转去执行所有 catch 之后的语句。

在程序运行时,如果某 try 语句块没有引发任何异常,则其中的所有代码都会被执行,而对应的所有 catch 语句块都不会被执行。

【例6-4】 多个 catch 语句块的使用。

```
//6-4.cs
class _6_4
{
    static void Main(string[] args)
    {
        try
        {
            Console.Write("请输入数据:");
            short i = Convert.ToInt16(Console.ReadLine());
            Console.WriteLine("转换后的短整型数据为{0}", i);
        }
        catch (FormatException e1)
        {
            Console.WriteLine("捕获到第一个异常:" + e1);
        }
        catch(System.IO.IOException e2)
        {
            Console.WriteLine("捕获到第二个异常:" + e2);
        }
        catch (Exception e3)
        {
            Console.WriteLine("捕获到第三个异常:" + e3);
        }
    }
}
```

运行例6-4的程序,如果用户在控制台中输入了短整型数字,如"12345",程序不会引发任何异常。当用户输入字符串时,如"C＃",则程序会按照顺序捕获到匹配的"第一个异常"e1,并输出 e1 的异常信息,运行结果如图6-5所示。

图6-5 例6-4出现异常时的结果(一)

在实际编程时,我们可能会碰到这样一种情况:所有的 catch 语句块都不能与 try 语句块中的异常类型相匹配,也就是说,catch 语句块不能捕获并处理所有的异常。

为了解决这个问题,我们可以将最后一个 catch 语句块中的异常参数类型定义为 Exception 类。将其放在最后的原因是,Exception 类是所有异常类的基类,如果放在前面,则程序会先捕获到 Exception 异常,后面其他的异常类型就都无效了。

运行例 6-4 的程序,当用户输入超出短整型表示范围的数字时,如"123456",程序会依次检查各个 catch 语句块,如果前两个异常类型都不匹配,则程序会捕获到"第三个异常"e3,并输出 e3 的异常信息,运行结果如图 6-6 所示。

```
C:\WINDOWS\system32\cmd.exe                            —   □   ×
请输入数据: 123456
捕获到第三个异常: System.OverflowException: 值对于 Int16 太大或太小。
   在 System.Int16.Parse(String s, NumberStyles style, NumberFormatInfo info)
   在 System.Convert.ToInt16(String value)
   在 Chapter6._6_4.Main(String[] args) 位置 C:\Users\mcdsj\source\repos\Chapt
er6\Chapter6\Program.cs:行号 17
请按任意键继续. . .
```

图 6-6　例 6-4 出现异常时的结果(二)

因此,我们一般会将特定程度较高的异常 catch 语句块放在前面,而将特定程度较小的异常 catch 语句块放在后面。

6.4　整型溢出检查

所谓算术溢出,是指计算机在进行算术运算时,运算结果超出了某种数据类型所能表示的取值范围。C♯ 语句既可以在已检查的上下文中执行,也可以在未检查的上下文中执行。在已检查的上下文中,算术溢出会引发异常。而在未检查的上下文中,算术溢出会被忽略并且结果将被截断。

在 C♯ 中,我们使用 checked 关键字对整型算术运算和显式转换启用溢出检查,使用 unchecked 关键字取消整型算术运算和转换的溢出检查。其格式为

```
checked  语句;
unchecked  语句;
```
其中,语句可以是简单语句、结构语句或复合语句。

【例 6-5】 关键字 checked 和 unchecked。

```
//6-5.cs
class _6_5
{
    static void Main(string[] args)
    {
        short x = 32767;
        int y = 0, z = 0;
        try
        {
            y = unchecked((short)(x + 1));
```

```
        Console.WriteLine("y 赋值为:" + y);
    }
    catch (System.OverflowException e1)
    {
        Console.WriteLine("y 赋值时发生异常:" + e1.ToString());
    }
    try
    {
        z = checked((short)(x + 1));
        Console.WriteLine("z 赋值为:" + z);
    }
    catch (System.OverflowException e2)
    {
        Console.WriteLine("z 赋值时发生异常:" + e2.ToString());
    }
    }
}
```

例 6-5 的运行结果如图 6-7 所示。

图 6-7　例 6-5 的运行结果

在例 6-5 中,使用 unchecked 语句来指定未检查的上下文,当发生算术溢出时,结果被截断了。而 checked 语句在选中的上下文中对语句中的所有表达式进行计算,当发生算术溢出时,直接引发了异常。

习　题　6

一、选择题

1. 在 C#程序中,可使用 try…catch 机制来处理程序出现的(　　)错误。

A. 语法　　　　　　　　B. 运行　　　　　　　　C. 逻辑　　　　　　　　D. 拼写

2. 在 C#中,在方法 MyFunc 内部的 try…catch 语句中,如果 try 代码块中发生异常,并且在当前的所有 catch 块中都没有找到合适的 catch 块,则(　　)。

A. .NET 运行时忽略该异常

B. .NET 运行时马上强制退出该程序

C. .NET 运行时继续在 MyFunc 的调用堆栈中查找提供该异常处理的过程

D. .NET 抛出一个新的"异常处理未找到"的异常

3. 下列关于 C♯ 的异常处理的说法,错误的是(　　)。

A. try 块必须跟 catch 块组合使用,不能单独使用

B. 一个 try 块可以跟随多个 catch 块

C. 使用 throw 语句既可引发系统异常,也可以引发由开发人员创建的自定义异常

D. 在 try…catch…finally 块中,finally 块总会执行,不论是否有异常发生

4. 在 C♯ 中,下列代码的运行结果是(　　)。

```
class Test{static void Main(){
try{int a = 10;int b = 0;int c = a/b;
Console.WriteLine(c);}
catch{Console.WriteLine("出现错误");}
finally{Console.WriteLine("运行结束");}}}
```

A. 0 运行结束　　　　　　　　　　B. 10 运行结束

C. 出现错误 运行结束　　　　　　　D. 出现错误

5. 用户自定义异常类需要从以下(　　)类继承。

A. ApplicationException　　　　　　B. Exception

C. BaseException　　　　　　　　　D. CustomException

二、简答题

1. 什么是异常?试举出两个异常的例子。

2. 简述如何使用 try 语句。

三、编程题

1. 编写一个程序,引发一个 IndexOutOfRangeException 异常,并进行捕捉和处理。

2. 编写一个简易计算器程序,要求在程序中能够捕获到被 0 除的异常和算术运算溢出的异常。当程序退出运行时,输出字符串"谢谢使用"。

第7章 字符串

字符串是将一组 Unicode 字符作为一个整体来处理的数据类型，一般用于表示文本。在实际编程时，很多用户界面的输入都是字符串类型。因此，如何正确地操作字符串显得尤为重要。

本章首先介绍如何利用 String 类和 StringBuilder 类创建字符串，然后介绍如何使用其属性和方法，最后介绍格式化字符串的相关知识。

7.1 String 类

C#中使用关键字 string 来定义字符串变量。第 2 章提到，string 对应着. NET 框架中的 System. String 类。也就是说，关键字 string 是. NET 框架中 String 类的简化别名。String 类是一个密封类，用于实现对字符串的存储及相关操作，应用非常广泛。

7.1.1 创建字符串

创建 String 类型对象的最简单的形式，就是直接将一对双引号中的字符串赋值给字符串变量。其一般格式是：

string 变量名 = "字符串值";

例如：

string str = "welcome";

另外，通过 String 类的构造函数也可以创建字符串。String 类的构造函数常用的重载形式如下。

(1) 用字符数组作为新创建字符串的初始值。语法格式如下：

public String(char[] value)

例如：

char[] a = new char[]{'v','i','s','u','a','l'};

String s1 = new String(a);

赋值后，

s1 = "visual";

(2) 将字符 c 重复 count 次后的内容作为新创建字符串的初始值。语法格式如下：

public String(char c, int count)

例如：

String s2 = new String('t',5);

赋值后，

s2 = "ttttt";

(3) 在字符串数组 value 中，从下标 startIndex 处开始，截取长度为 length 的子串作为新创建字符串的初始值。语法格式如下：

```
public String(char[] value, int startIndex, int length)
```

例如：

```
char[] a = new char[]{'v','i','s','u','a','l'};
string s3 = new String(a,2,3);
```

赋值后，

```
s3 = "sua";
```

需要强调的是，String 对象是不可变的，一旦创建了该对象，就不能修改该对象的值。尽管从书写格式上似乎可以更改其内容，但事实上，系统会重新创建一个字符串对象来保存新的值。例如：

```
string str = "welcome";
str += "to C#";
```

str 对象在第 2 行代码中会被重新创建，新的值为"welcome to C#"。

7.1.2 String 类的属性

String 类包含以下两个重要属性。

（1）Chars 属性：获取字符串中指定位置的字符。该属性实际上是一个索引器。语法格式如下：

```
public char Chars[int index] { get; }
```

该属性的功能是：返回 index 参数指定的位置上的字符。需要注意的是，字符串中第 1 个字符的索引（Index）为 0。

（2）Length 属性：获取字符串中字符的个数。语法格式如下：

```
public int Length { get; }
```

该属性的功能是：返回当前字符串中的字符个数。

【例 7-1】 String 类的属性。

```
//7-1.cs
class _7_1
{
    static void Main(string[] args)
    {
        Console.Write("请输入一个字符串:");
        string str = Console.ReadLine();
        int letter = 0, digit = 0, control = 0, other = 0;
        for (int i = 0; i < str.Length; i++)
        {
            if (Char.IsLetter(str[i]))
                letter++;
            else if (Char.IsNumber(str[i]))
                digit++;
            else if (Char.IsControl(str[i]))
                control++;
            else
```

```
                other++;
            }
        Console.Write("字符串长度为{0},\n其中:字母个数为{1},", str.Length, letter);
        Console.WriteLine("数字个数为{0},\n控制字符个数为{1},其他字符为{2}", digit,
        control, other);
        }
    }
```

例 7-1 的运行结果如图 7-1 所示。

图 7-1　例 7-1 的运行结果

在例 7-1 中, Char. IsLetter 等方法是一系列由 Char 结构提供的用于判断字符类别的方法。例如, Char. IsLetter(str[i]) 可以用于判断字符串 str 中索引为 i 的字符是否属于字母类别。

7.1.3　String 类的方法

String 类的方法及其重载形式较为复杂,下面主要介绍一些使用较为广泛的方法。

1. 字符串比较

比较两个字符串的原则是:按照前后顺序对字符串中对应位置上的字符一一进行比较。如果发现某两个对应位置的字符不相等或者两个字符串中所有字符都已经比较过,则终止比较过程。

C# 提供了 String. Compare、String. CompareTo 、String. CompareOrdinal 和 String. Equals 等方法,以实现对字符串的比较操作,每种方法又提供了多种重载形式。下面给出了各个方法的基本含义。

(1) String. Compare 方法:比较两个指定的 String 对象。

(2) String. CompareTo 方法:将当前 String 实例与指定的对象或字符串进行比较,并返回两者相对值的指示。

(3) String. CompareOrdinal 方法:通过计算每个字符串中相应 Char 对象的数值来比较两个 String 对象。

(4) String. Equals 方法:确定两个 String 对象是否具有相同的值。

此外,"=="和"!="运算符也可以用于比较两个字符串是否相等。

【例 7-2】　字符串比较。

```
//7-2.cs
class _7_2
{
    static void Main(string[] args)
```

```
        {
            string str1 = "I'm a teacher";
            string str2 = "I'm a student";
            Console.WriteLine("字符串 str1 为:{0},str2 为:{1}",str1,str2);
            Console.WriteLine("String.Compare(str1, str2) = " + String.Compare(str1, str2));
            Console.WriteLine("String.Compare(str1, str2, true) = " + String.Compare(str1, str2, true));
            Console.WriteLine("String.Compare(str1, 4, str2, 4, 5) = " + String.Compare(str1, 4, str2, 4, 5));
            Console.WriteLine("String.CompareOrdinal(str1, str2) = " + String.CompareOrdinal(str1, str2));
            Console.WriteLine("String.CompareOrdinal(str1, 4, str2, 4, 5) = " + String.CompareOrdinal(str1, 4, str2, 4, 5));
            Console.WriteLine("str2.CompareTo(str1) = " + str2.CompareTo(str1));
            Console.WriteLine("str1.CompareTo(\"Welcome\") = " + str1.CompareTo("I'm a teacher"));
            Console.WriteLine("String.Equals(str1, str2) = " + String.Equals(str1, str2, StringComparison.OrdinalIgnoreCase));
            Console.WriteLine("String.Equals(\"studio\", \"study\") = " + String.Equals("study", "studio"));
            Console.WriteLine("(str1 != str2) = " + (str1 != str2));
        }
}
```

例 7-2 的运行结果如图 7-2 所示。

图 7-2 例 7-2 的运行结果

2. 字符串查找

C#中提供了大量的方法及其重载形式,以完成在字符串中查找某个字符或子字符串的操作。这些方法包括 String.IndexOf、String.IndexOfAny、String.LastIndexOf、String.LastIndexOfAny、String.StartsWith、String.EndsWith 等。下面给出了各个方法的基本含义。

(1) String.IndexOf 方法:返回 String 或若干个字符在当前字符串中第一个匹配项的索引。

(2) String.IndexOfAny 方法:返回指定的 Unicode 字符数组中的任意字符在当前 String

实例中第一个匹配项的索引。

（3）String.LastIndexOf 方法：返回指定的 Unicode 字符或 String 在当前 String 实例中的最后一个匹配项的索引位置。

（4）String.LastIndexOfAny 方法：返回在 Unicode 数组中指定的一个或多个字符在当前 String 实例中的最后一个匹配项的索引位置。

（5）String.StartsWith 方法：确定 String 实例的开头是否与指定的字符串匹配。

（6）String.EndsWith 方法：确定 String 实例的末尾是否与指定的字符串匹配。

【例 7-3】 字符串查找。

```
//7-3.cs
class _7_3
{
    static void Main(string[] args)
    {
        string str = "Welcome to Visual C#!";
        char c = 'c';
        string s = "to";
        char[] ch = new char[2]{'o','t'};
        Console.WriteLine("str = " + str);
        Console.WriteLine("str.IndexOf('{0}') = {1}",c,str.IndexOf(c));
        Console.WriteLine("str.IndexOf(\"{0}\") = {1}",s,str.IndexOf(s));
        Console.WriteLine("str.IndexOf('{0}', 16, 5) = {1}", c, str.IndexOf(c, 16, 5));
        Console.WriteLine("str.IndexOfAny('{0}''{1}') = {2}", ch[0],ch[1],str.IndexOfAny(ch));
        Console.WriteLine("str.LastIndexOf('{0}') = {1}", c,str.LastIndexOf(c));
        Console.WriteLine("str.LastIndexOf('{0}', 3, 2) = {1}", c, str.LastIndexOf(c,3,2));
        Console.WriteLine("str.LastIndexOfAny('{0}''{1}') = {2}", ch[0], ch[1],
        str.LastIndexOfAny(ch));
        Console.WriteLine("str.StartsWith(\"{0}\") = {1}", s, str.StartsWith(s));
        Console.WriteLine("str.EndsWith(\"{0}\") = {1}", s, str.EndsWith(s));
    }
}
```

例 7-3 的运行结果如图 7-3 所示。

```
C:\WINDOWS\system32\cmd.exe                         —   □   ×
str = Welcome to Visual C#!
str.IndexOf('c')=3
str.IndexOf("to")=8
str.IndexOf('c', 16, 5)=-1
str.IndexOfAny('o''t')=4
str.LastIndexOf('c')=3
str.LastIndexOf('c', 3, 2)=3
str.LastIndexOfAny('o''t')=9
str.StartsWith("to")=False
str.EndsWith("to")=False
请按任意键继续. . .
```

图 7-3 例 7-3 的运行结果

3. 字符串连接

在 C♯ 中,我们可以使用"+"运算符或 String 类的连接方法来完成字符串及分隔符的连接操作。

(1) String.Concat 方法:连接 String 的一个或多个实例,或者 Object 的一个或多个实例的值的 String 表示形式。

(2) String.Join 方法:在指定的 String 数组的每个元素之间串联指定的分隔符 String,从而产生单个串联的字符串。

(3) 运算符"+":将运算符两边的字符串连接起来。

【例 7-4】 字符串连接。

```
//7-4.cs
class _7_4
{
    static void Main(string[] args)
    {
        string str1 = "Welcome to";
        string str2 = " Visual C♯ ";
        string sep = " - ";
        string[]strarray = {str1 ,str2};
        Console.WriteLine("String.Concat(\"{0}\", \"{1}\") = \"{2}\"", str1, str2, String.Concat
        (str1, str2));
        Console.WriteLine("String.Concat(\"{0}\", \"{1}\",\"{2}\") = \"{3}\"", str1, str2,
        String.Concat(str1, str2), String.Concat(str1, str2, String.Concat(str1, str2)));
        Console.WriteLine("String.Join(\"{0}\", strarray) = \"{1}\"", sep, String.Join(sep,
        strarray));
        Console.WriteLine("\"{0}\" + \"{1}\" = \"{2}\"", str1, str2, str1 + str2);
    }
}
```

例 7-4 的运行结果如图 7-4 所示。

图 7-4 例 7-4 的运行结果

4. 字符串拷贝与字符串替换

使用 String 类的相关方法,可以将当前字符串中的字符复制到另一个字符串或字符数组。

（1）String. Copy 方法：创建一个与指定的 String 具有相同值的 String 的新实例。

（2）String. CopyTo 方法：将指定数目的字符从当前 String 实例中的指定位置复制到 Unicode 字符数组中的指定位置。

（3）String. ToCharArray 方法：将当前 String 实例中的字符复制到 Unicode 字符数组。

（4）String. Replace 方法：将当前实例中的指定 Unicode 字符或 String 的所有匹配项替换为其他指定的 Unicode 字符或 String。

【例 7-5】 字符串拷贝与字符串替换。

```
//7-5.cs
class _7_5
{
    static void Main(string[] args)
    {
        string sourcestr = "Visual C#";
        char[] destinationchar = {'a','b'};
        Console. WriteLine("sourcestr = {0}", sourcestr);
        Console. Write("destinationchar = ");
        foreach (char ch in destinationchar)
            Console. Write("\"" + ch + "\"");
        Console. WriteLine();
        Console. WriteLine("String. Copy(\"{0}\") = {1}", sourcestr, String. Copy(sourcestr));
        sourcestr. CopyTo(7, destinationchar, 0, 2);
        Console. Write("sourcestr. CopyTo(7, destinationchar, 0, 2) = ");
        foreach (char ch in destinationchar)
            Console. Write(ch);
        Console. WriteLine();
        char[] chararr1 = sourcestr. ToCharArray();
        Console. Write("sourcestr. ToCharArray() = ");
        foreach (char ch in chararr1)
            Console. Write(ch);
        Console. WriteLine();
        char[] chararr2 = sourcestr. ToCharArray(7, 2);
        Console. Write("sourcestr. ToCharArray(7, 2) = ");
        foreach (char ch in chararr2)
            Console. Write(ch);
        Console. WriteLine();
        Console. WriteLine("sourcestr. Replace ('#','+') = {0}", sourcestr. Replace('#', '+'));
        Console. WriteLine("sourcestr. Replace(\"C#\", \"Studio\") = {0}", sourcestr. Replace
            ("C#", "Studio"));
    }
}
```

例 7-5 的运行结果如图 7-5 所示。

```
C:\WINDOWS\system32\cmd.exe                    —    □    ×
sourcestr = Visual C#
destinationchar ='a''b'
String.Copy("Visual C#") = Visual C#
sourcestr.CopyTo(7, destinationchar, 0, 2) = C#
sourcestr.ToCharArray() = Visual C#
sourcestr.ToCharArray(7, 2) = C#
sourcestr.Replace ('#','+') = Visual C+
sourcestr.Replace("C#", "Studio") = Visual Studio
请按任意键继续. . .
```

图 7-5 例 7-5 的运行结果

5. 字符串插入与字符串移除

（1）String.Insert 方法：在当前 String 实例中的指定索引位置插入一个指定的 String 实例。

（2）String.Remove 方法：从当前实例中删除指定个数的字符。

（3）String.Trim 方法：从当前 String 对象中移除一组指定字符的所有前导匹配项和尾部匹配项。

（4）String.TrimEnd 方法：从当前 String 对象中移除数组中指定的一组字符的所有尾部匹配项。

（5）String.TrimStart 方法：从当前 String 对象中移除数组中指定的一组字符的所有前导匹配项。

【例 7-6】 字符串插入与字符串移除。

```
//7-6.cs
class _7_6
{
    static void Main(string[] args)
    {
        string sourcestr = "Visual Studio .NET";
        Console.WriteLine("sourcestr = {0}", sourcestr);
        Console.WriteLine("sourcestr.Insert(18, \" 2022\") = {0}", sourcestr.Insert(18, " 2022"));
        Console.WriteLine("sourcestr.Remove(14, 4) = {0}", sourcestr.Remove(14, 4));
        Console.WriteLine("sourcestr.Trim() = {0}", sourcestr.Trim());
        Console.WriteLine("sourcestr.Trim('.','N','E','T') = {0}", sourcestr.Trim('.','N','E','T'));
        Console.WriteLine("sourcestr.TrimEnd('G','E','T') = {0}", sourcestr.TrimEnd('G','E','T'));
        Console.WriteLine("sourcestr.TrimStart('V','i','v','o')) = {0}", sourcestr.TrimStart
        ('V','i','v','o'));    }
}
```

例 7-6 的运行结果如图 7-6 所示。

```
C:\WINDOWS\system32\cmd.exe                        —    □    ×

sourcestr = Visual Studio .NET
sourcestr.Insert(18, " 2022") = Visual Studio .NET 2022
sourcestr.Remove(14, 4) = Visual Studio
sourcestr.Trim() = Visual Studio .NET
sourcestr.Trim('.', 'N', 'E', 'T') = Visual Studio
sourcestr.TrimEnd('G', 'E', 'T') = Visual Studio .N
sourcestr.TrimStart('V','i','v','o')) = sual Studio .NET
请按任意键继续. . .
```

图 7-6   例 7-6 的运行结果

6. 字符串截取与字符串拆分

（1）String.Substring 方法：从当前实例中检索子字符串。

（2）String.Split 方法：返回的字符串数组包含当前实例中的子字符串（由指定字符串或 Unicode 字符数组的元素分隔）。

【例 7-7】 字符串截取与字符串拆分。

```csharp
//7-7.cs
class _7_7
{
    static void Main(string[] args)
    {
        string str = "Visual-Studio-2022";
        Console.WriteLine("str = " + str);
        Console.WriteLine("str.Substring(14) = {0}",str.Substring(14));
        Console.WriteLine("str.Substring(7, 6) = {0}",str.Substring(7, 6));
        string[] strsplit1 = str.Split('-');
        Console.Write("str.Split('-') = ");
        foreach (string s in strsplit1)
            Console.Write(s + " ");
        Console.WriteLine();
        char[] charseparator = {'-'};
        string[] strsplit2 = str.Split(charseparator, 3);
        Console.Write("str.Split(ch, 3) = ");
        foreach (string s in strsplit2)
            Console.Write(s + " ");
        Console.WriteLine();
    }
}
```

例 7-7 的运行结果如图 7-7 所示。

图 7-7 例 7-7 的运行结果

7. 字符串格式化

String. Format 方法：使用格式化字符串来设置指定的 String 实例的显示格式。

String. Format 的不同重载方法格式中有一个相同的 string 类型参数。string 是用于描述输出内容的格式项。

格式项的一般形式如下：

{index[,alignment][:formatString]}

index 称为参数说明符，是一个从 0 开始的整数，指示参数列表中对应的元素。也就是说，参数说明符为 0 的格式项会格式化列表中的第 1 个值，参数说明符为 1 的格式项会格式化列表中的第 2 个值，依此类推。

alignment 称为可选的"对齐"组件，它是一个带符号的整数，指示包含格式化值的区域的最小宽度。如果 alignment 的值小于格式化值的长度，它将被忽略，并且使用格式化值的长度作为当前宽度；如果格式化值的长度小于 alignment 的值，则用空格填充该区域。如果 alignment 的值为负，则格式化的值将在该区域中左对齐；如果 alignment 的值为正，则格式化的值将在该区域中右对齐。如果没有指定 alignment，则该区域的长度为格式化值的长度；如果指定了 alignment，则需使用逗号。

formatString 是一个可选的"格式字符串"组件，一般采用以下形式：Axx，其中 A 是格式说明符，xx 是精度说明符。格式说明符用于控制数值的格式类型，而精度说明符则控制格式化输出的有效位数或小数点右边的位数。表 7-1 列举了 C# 中支持的标准格式说明符。

表 7-1 C#中支持的标准格式说明符

字符	说明	字符	说明
C 或 c	货币	D 或 d	十进制数
E 或 e	科学型	F 或 f	固定点
G 或 g	常规	N 或 n	数字
X 或 x	十六进制		

【例 7-8】 字符串格式化。

```
//7-8.cs
class _7_8
{
    static void Main(string[] args)
    {
        string a = String. Format("a = {0:C}", 2.5);
```

```
        string b = String.Format("b = {0:D5}", 25);
        string c = String.Format("c = {0:E}", 250000);
        string d = String.Format("d = {0:F2}", 25);
        string e = String.Format("e = {0:G}", 2.5);
        string f = String.Format("f = {0:N}", 2500000);
        string g = String.Format("g = {0:X}", 250);
        Console.WriteLine(a);
        Console.WriteLine(b);
        Console.WriteLine(c);
        Console.WriteLine(d);
        Console.WriteLine(e);
        Console.WriteLine(f);
        Console.WriteLine(g);
    }
}
```

例 7-8 的运行结果如图 7-8 所示。

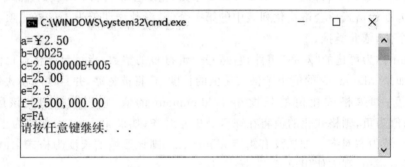

图 7-8　例 7-8 的运行结果

在.NET 框架中,我们还可以使用 ToString 和 Console.WriteLine 两种方法对字符串进行格式化,其中的关键也在于格式项的设置。

8. 大小写转换

（1）String.ToLower 方法:返回当前 String 转换为小写形式的副本。

（2）String.ToUpper 方法:返回当前 String 转换为大写形式的副本。

【例 7-9】 大小写转换。

```
//7-9.cs
class _7_9
{
    static void Main(string[] args)
    {
        string str = "Visual C#";
        Console.WriteLine("str = " + str);
        Console.WriteLine("str.ToLower() = {0}", str.ToLower());
        Console.WriteLine("str.ToUpper() = {0}", str.ToUpper());
    }
}
```

例 7-9 的运行结果如图 7-9 所示。

图 7-9　例 7-9 的运行结果

7.2　StringBuilder 类

String 类型的对象都是不可变的,这意味着每修改一次 String 对象,实际上都会在内存中创建一个新的字符串,这就需要为这个新对象分配新的内存空间。因此,内存的开销非常大,严重影响到了.NET 应用程序的性能。例如:

```
string str = "the number is";
for (int i = 0; i < 100; i + + )
{
        str = String.Concat(str, i.ToString());
}
```

每次执行 Concat 方法时,系统都会为 str 生成一个新的字符串对象,每个新对象都会单独占用一段内存单元。使用 StringBuilder 类可以较好地解决这一问题。

StringBuilder 类属于 System.Text 命名空间,该类用于定义可变字符的字符串,即 StringBuilder 类的对象允许系统扩充其字符串中字符的个数。例如:

```
StringBuilder str = new StringBuilder("the number is ");
for (int i = 0; i < 100; i + + )
{
        str.Append(i);
}
```

创建 str 对象后,虽然 Append 方法是循环执行的,但是每次都不会创建新的对象,而是对原对象直接进行修改,这样减少了内存开销,极大地提升了性能。

7.2.1　创建字符串变量

通过 StringBuilder 类的构造函数可以创建 StringBuilder 对象。StringBuilder 类的构造函数的重载形式见表 7-2。

表 7-2　**StringBuilder 类的构造函数的重载形式**

重载形式	说明
StringBuilder()	初始化 StringBuilder 类的新实例
StringBuilder(Int32)	使用指定的容量初始化 StringBuilder 类的新实例
StringBuilder(String)	使用指定的字符串初始化 StringBuilder 类的新实例

重载形式	说明
StringBuilder(Int32，Int32)	初始化 StringBuilder 类的新实例,该类起始于指定容量并且可增长到指定的最大容量
StringBuilder(String，Int32)	使用指定的字符串和容量初始化 StringBuilder 类的新实例
StringBuilder(String，Int32，Int32，Int32)	使用指定的子字符串和容量初始化 StringBuilder 类的新实例

例如：

```
StringBuilder s1 = new StringBuilder();
StringBuilder s2 = new StringBuilder(16);
StringBuilder s3 = new StringBuilder("Hello");
StringBuilder s4 = new StringBuilder(8,64);
StringBuilder s5 = new StringBuilder("Hello,everyone!", 6);
StringBuilder s6 = new StringBuilder("Hello,everyone!", 0,15,32);
```

在创建 s5 字符串的代码中,指定的字符串容量为 6,而字符串"Hello,everyone!"的长度为 15,已经超出了指定容量。

当超出容量时,StringBuilder 对象会在原有空间的基础上自动扩充内存空间,并且容量呈双倍增长。

7.2.2　StringBuilder 类的属性

StringBuilder 类常见的属性包括以下几个。

（1）Chars 属性:获取或设置 StringBuilder 对象中指定位置的字符。其使用方法与 String 类的 Chars 属性相同。

（2）Length 属性:获取或设置 StringBuilder 对象中字符的个数。

（3）Capacity 属性:获取或设置分配给当前 StringBuilder 对象的容量。StringBuilder 对象默认分配 16 个字符的初始容量。

【例 7-10】　StringBuilder 类的属性。

```
//7-10.cs
class _7_10
{
    static void Main(string[] args)
    {
        StringBuilder s = new StringBuilder("Hello!");
        Console.WriteLine("s = " + s);
        Console.Write("依次取出每个字符:");
        for (int i = 0; i < s.Length; i++)
            Console.Write(s[i] + " ");
        Console.WriteLine();
        Console.WriteLine("s.Length = {0}", s.Length);
        Console.WriteLine("s.Capacity = {0}", s.Capacity);
        s = new StringBuilder("Hello,everyone!",18);
        Console.WriteLine("s = " + s);
```

```
Console.WriteLine("s.Length = {0}", s.Length);
Console.WriteLine("s.Capacity = {0}", s.Capacity);
s = new StringBuilder("Hello,everyone! Welcome!",18);
Console.WriteLine("s = " + s);
Console.WriteLine("s.Length = {0}", s.Length);
Console.WriteLine("s.Capacity = {0}", s.Capacity);
s = new StringBuilder("Hello,everyone! Welcome to Hubei Jingzhou!");
Console.WriteLine("s = " + s);
Console.WriteLine("s.Length = {0}", s.Length);
Console.WriteLine("s.Capacity = {0}", s.Capacity);
        }
}
```

例 7-10 的运行结果如图 7-10 所示。

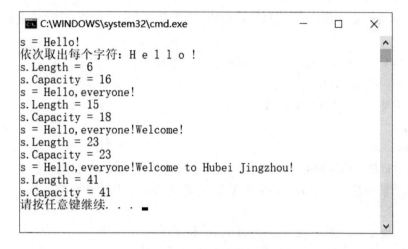

图 7-10　例 7-10 的运行结果

从上面的输出结果可以看出，StringBuilder 对象的 Capacity 最小分配的长度是 16。当 StringBuilder 对象的实际长度 Length 小于 16 时，Capacity 的值等于 16 或其指定的初始值。当 StringBuilder 对象的实际长度 Length 大于 16 时，Capacity 的大小分配是在满足 Length 的情况下，尽量少占用空间，如例 7-10 中，两者值是相等的。

7.2.3　StringBuilder 类的方法

StringBuilder 类的方法及其重载形式较为复杂，下面主要介绍一些使用较为广泛的方法。

1. 字符串追加——Append 方法
语法格式：

对象.Append(t)

其中，t 可以是任意的基本值类型、String 或 Object 类型。

功能：将 t 的内容以字符串的形式追加到当前 StringBuilder 的结尾。

例如：

```
StringBuilder s = new StringBuilder("Visual Studio ");
s.Append(".NET");              //s 的值为"Visual Studio .NET"
```

2. 字符串插入——Insert 方法

语法格式：

```
对象.Insert(index,t)
```

其中，index 是要插入内容的位置索引，t 可以是任意的基本值类型、String 或 Object 类型。

功能：将 t 的内容以字符串的形式插入当前 StringBuilder 对象的指定索引 index 处。

例如：

```
StringBuilder s = new StringBuilder("C# program");

s.Insert(2,"-");                    //s 的值为"C#-program"
```

3. 字符串替换——Replace 方法

语法格式：

```
对象.Replace(oldChar,newChar)

对象.Replace(oldString,newString)
```

功能：将对象中所有指定的字符串（或字符）替换为其他指定的字符串（或字符）。

例如：

```
StringBuilder s = new StringBuilder("Visual Studio 2022");

s.Replace("2022",".NET");
```

4. 字符串移除——Remove 方法

语法格式：

```
对象.Remove(startIndex, length)
```

其中，startIndex 是要移除的起始位置的索引，length 是要移除的字符串长度。

功能：从当前对象中的 startIndex 位置开始，移除 length 长度的字符。

例如：

```
StringBuilder s = new StringBuilder("Visual Studio 2022");

s.Remove(14,4);                    //s 的值为"Visual Studio "
```

7.3　正则表达式

正则表达式在基于文本的编辑器和搜索工具中起到了非常重要的作用。正则表达式是指用某种模式去匹配一类字符串的一个公式，也就是通过一些匹配符来分析字符串是否匹配成功。例如，在网页中输入的电子邮件地址格式，就可以通过定义正则表达式来验证。正则表达式使得这些类似的验证工作变得十分简单，不用编写大量的代码便可实现。

正则表达式由一些普通字符和一些元字符（Metacharacters）组成。普通字符包括大小写的字母和数字。不同的元字符具有不同特殊的含义，例如：".."表示匹配任何单个字符；"＾"表示匹配一行的开始；"$"表示匹配行的结束符；"＊"表示匹配零个或多个在其之前的字符；"?"表示匹配 0 个或 1 个正好在其之前的那个字符；"[ ]"表示匹配括号中的任何一个字符；"\"表示将其后列出的元字符当作普通的字符来进行匹配；"\{i\}"表示匹配指定数目的字符。

常用的正则表达式主要有以下几种。

(1) 匹配中文字符：[\u4e00-\u9fa5]。

(2) 匹配由 26 个英文字母组成的字符串：＾[A-Za-z]＋$。

（3）匹配 E-mail 地址：\w+（[－+.]\w+）*@\w+（[－.]\w+）*\.\w+（[－.]\w+）*。

（4）匹配网址 URL：[a-zA-z]+://[^\s]*。

（5）匹配中国邮政编码：[1-9]\d{5}(?!\d)。

（6）匹配身份证：\d{15}|\d{18}。

（7）匹配 IP 地址：\d+\.\d+\.\d+\.\d+。

当然，正则表达式的写法也是随着具体应用的变化而变化的，上述示例都是一些最简单的写法，仅供参考。

RegularExpressions 命名空间中包含一些有关正则表达式的类，如 Regex 类。下面通过例 7-11 来介绍有关 Regex 类的使用。

【例 7-11】 正则表达式的应用。

```
//7-11.cs
using System ;
using System.Text.RegularExpressions ;
class _7_11
{
    static void Main(string[] args)
    {
        Regex rg = new Regex (@"\d{3}-\d{8}|\d{4}-\d{7}") ;
        Console.Write ("请输入一个国内座机号码：") ;
        string phone = Console.ReadLine () ;
        while(rg.Match (phone ).Success == false )
        {
            Console.WriteLine ("输入号码格式不合法。请重新输入!") ;
            Console.Write ("请输入一个国内座机号码：") ;
            phone = Console.ReadLine () ;
        }
        if(rg.Match (phone ).Success == true )
            Console.WriteLine ("输入号码格式合法。") ;
    }
}
```

例 7-11 的运行结果如图 7-11 所示。

图 7-11 例 7-11 的运行结果

习 题 7

一、选择题

1. 对字符串进行连接操作，下面哪一种方法不可以？（ ）

A. 利用 StringBuilder 对象及其 Append 方法

B. 利用 string.Concat() 方法

C. 利用＋符号

D. 利用 & 符号

2. 在 C# 中新建一字符串变量 str，并将字符串"Tom's Living Room"保存到串中，则应该使用下列哪条语句？（ ）

A. string str＝"Tom\'s Living Room";

B. string str＝"Tom's Living Room";

C. string str("Tom's Living Room");

D. string str("Tom"s Living Room");

3. 在 C# 中，下列哪些语句可以创建 1 个具有 3 个初始值为""的元素的字符串数组？（ ）

A. string StrList [3] ("");

B. string[3] StrList＝{"","",""};

C. string[] StrList＝{"","",""};

D. string[] StrList＝new string [3];

4. 语句"string [,] strArray＝new string [3,4];"创建了多少个 string 对象？（ ）

A. 0

B. 3

C. 4

D. 12

二、编程题

1. 编写一个控制台应用程序，接收一个长度大于 3 的字符串，并完成下列功能：

(1) 输出字符串的长度；

(2) 输出字符串中第一次出现字母"a"的位置；

(3) 在字符串的第 3 个字符后面插入子串"hello"，并输出新字符串；

(4) 将字符串"hello"替换为"me"，并输出新字符串；

(5) 以字符"m"为分隔符，将字符串分离，并输出分离后的字符串。

2. 编写一个控制台应用程序，接收用户输入的一个字符串，并将其中的字符以与输入相反的顺序输出。

3. 编写控制台应用程序：采用除 2 取余法，将十进制正整数转换为二进制字符串。要求：使用选择语句和循环语句。转换步骤如下：①使用 while 循环语句，将 number 逐次除以 2，将每次所得的余数添加到字符串 s-temp 的末尾，直至 number 为 1；②将 number 添加到 s-temp 的末尾；③利用循环，按照由右至左的顺序将 s-temp 的各个字符添加到 s-binary 的末尾；④输出 s-binary 的值。

4. 编写一个类，其中包含一个排序的方法 Sort()。如果传入的是一串整数，就按照从小到大的顺序输出；如果传入的是一个字符串，就将字符串反序输出。

5. 试分别编写正则表达式，能够用于：

(1) 匹配腾讯 QQ 号；

(2) 匹配由数字、26 个英文字母或者下划线组成的字符串。

第8章 数组与集合

数组是数据类型相同、数目一定的对象的集合。数组几乎可以定义为任意长度,因此,我们可以使用数组存储数千乃至数百万个对象,但必须在创建数组时就确定其大小。数组中的每项都按索引进行访问,索引是一个数字,指示对象在数组中的存储位置。

集合用来存储和管理一组特定类型的数据对象,除了基本的数据处理功能之外,集合还提供了各种数据结构及算法的实现,如队列、链表、排序等,可以让我们轻松地完成复杂的数据操作。

本章主要介绍如何声明和创建数组,以及数组与方法、Array 类、foreach 语句、常用集合类等概念。

8.1 声明和创建数组

在 C♯ 语言中,数组是引用类型,使用前需要声明和创建。本节以一维数组为例讲述数组的声明和创建方式。

8.1.1 声明和创建一维数组

在 C♯ 语言中,一维数组的声明形式如下:

数据类型[ ] 数组名

其中:数据类型表示数组中元素的类型,它可以是 C♯ 语言中任意合法的数据类型(包括数组类型);数组名是一个标识符;方括号"[ ]"是数组的标志。例如:

```
int[ ] a;
string[ ] str;
```

与 C、C++语言不同的是,C♯ 语言中的数组是一种引用类型。声明数组只是声明了一个用来操作该数组的引用,并不会为数组元素实际分配内存空间。因此,在声明数组时,不允许指定数组元素的个数。例如:

```
int[5] a;          //错误,声明时不能指定数组长度
```

8.1.2 创建数组

声明数组后,在访问其元素前必须为数组元素分配相应的内存,即创建数组。创建一维数组的一般形式如下:

数组名 = new 数据类型[数组元素个数]

其中,用于指定数组元素个数的表达式的值必须是一个大于或等于 0 的整数。如果值为 0,则表示该数组为空(不包含任何元素),一般来说,这种数组没什么实际意义,仅在语法上可行。例如,声明一个名为"apple"的整数数组,用来存放 50 箱苹果每箱的数量:

```
apple = new int[50];
```

上例表示声明一个 apple 的一维整数数组，并且配置数组元素为 50 个整数的内存空间，以供 apple 数组使用。

当然，数组的声明和创建完全可以出现在同一条语句中。例如：

int apple[ ] = new int[50];

创建 apple 数组并实例化数组元素后，就可以通过索引表达式访问其中的元素了。形式如下：

数组名[索引表达式]

其中，索引表达式(也称下标)的值必须是整数类型。数组元素的下标从 0 开始计数，数组中最后一个元素的下标是数组元素个数减 1。如果索引表达式的值大于最大值或小于 0，程序执行时将会发生异常。

【例 8-1】 创建数组。

```
//8-1.cs
static void Main(string[ ] args)
{
        int[ ] a = new int[3];
        float[ ] f = new float[3];
        bool[ ] b = new bool[3];
        char[ ] ch = new char[3];
        object[ ] obj = new object[3];

        Console.Write("整型数组:");
        for (int i = 0; i < a.Length; i++)
            Console.Write("\t a[{0}] = {1}", i, a[i]);

        Console.Write("\n浮点型数组:");
        for (int i = 0; i < f.Length; i++)
            Console.Write("\t f[{0}] = {1}", i, f[i]);

        Console.Write("\n布尔型数组:");
        for (int i = 0; i < b.Length; i++)
            Console.Write("\t b[{0}] = {1}", i, b[i]);

        Console.Write("\n字符数组:");
        for (int i = 0; i < ch.Length; i++)
            Console.Write("\t ch[{0}] = {1}", i, ch[i]);

        Console.Write("\nobject型数组:");
        for (int i = 0; i < obj.Length; i++)
            Console.Write("\t obj[{0}] = {1}", i, obj[i]);
        Console.Read();
}
```

例 8-1 的运行结果如图 8-1 所示。

```
C:\Windows\System32\cmd.exe                                        —    □    ×
整型数组：      a[0] = 0           a[1] = 0           a[2] = 0
浮点型数组：    f[0] = 0           f[1] = 0           f[2] = 0
布尔型数组：    b[0] = False       b[1] = False       b[2] = False
字符数组：      ch[0] =            ch[1] =            ch[2] =
object型数组：  obj[0] =           obj[1] =           obj[2] =
```

图 8-1　例 8-1 的运行结果

在 C♯语言中，数组实际上是对象。System.Array 是所有数组类型的抽象基类。我们可以使用 System.Array 具有的属性以及其他类成员。比如，使用长度（Length）属性获取数组的长度。例 8-1 中使用的数组的 Length 属性返回当前数组中元素的个数。从例 8-1 的运行结果可以发现，该例中所有数组在声明时均没做初始化，数组成员自动初始化为该数组类型的默认初始值，数值数组元素的默认值为零，布尔数组元素的默认值为 False，字符数组元素的默认值为"\0"，引用元素的默认值为 null 等。

如果创建的数组元素是引用类型，那么数组中保存的实际上只是对象的引用。在访问这些数组元素前，必须使用 new 运算符创建实际的对象并赋值给对应位置的元素。

8.1.3　一维数组初始化

在 C♯语言中，我们可以在创建数组的同时指定数组元素的初始值，形式如下：

数据类型[ ]数组名 = new 数据类型[数组元素个数]{ , … }；

其中，花括号中的内容即数组元素的初始值，每两个值之间用","进行分隔。例如，声明一个名为"sex"的字符数组，里面存放性别代码 M 和 F，M 表示男生，F 表示女生，如下所示：

char[ ] sex = new char[2]{'M','F'};

上例表示声明一个名称为"sex"的一维字符数组，同时根据{ }中元素的数量来设定数组元素的个数，自动分配内存供 sex 字符数组使用。

必须注意的是，在这种数组初始化形式中，方括号内用于指定数组元素数量的表达式的值必须与初始值中元素的数量保持完全一致，因此，数组元素数量的表达式必须是一个常量表达式，或者省略。例如：

char[ ] sex = new char[1 + 1]{'M','F'};

或

char[ ] sex = new char[ ]{'M','F'};

数组元素的数量不能使用变量，例如：

int i = 2;

char[ ] sex = new char[i]{'M','F'};　　　//错误

但是，在不初始化数组的情况下，可以动态指定数组元素的个数。例如：

int i = 2;

char[ ] sex = new char[i];

上面的初始化形式还有一种更稳妥的写法：不人为指定数组长度，而由系统根据初始值列表自动分配长度。例如：

char[ ] sex = {'M','F'};

不过,这种简洁方式只能与数组的声明在同一条语句中,不能分开。例如:

```
char[ ] sex;
sex = {'M', 'F'};                    //错误
```

如果一定要分两行来初始化,则必须使用 new 运算符,改写如下:

```
char[ ] sex;
sex = new char[ ]{'M', 'F'};         //正确
```

或

```
char[ ] sex;
sex = new char[2]{'M', 'F'};         //正确
```

数组索引值与元素内容的对应关系如图 8-2 所示。

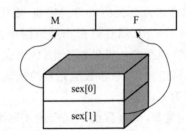

图 8-2　数组索引值与元素内容的对应关系

【例 8-2】　数组初始化。

```
//8-2.cs
public class Fruit
{
    //水果名称
    public string Name { get; set; }
    //水果数量
    public int Count { get; set; }
    //水果类构造函数
    public Fruit(string fruitname, int fruitcount)
    {
        Name = fruitname;
        Count = fruitcount;
    }
}

class _8_2
{
    static void Main(string[] args)
    {
        int[] a = new int[3] { 1, 2, 3 };
        float[] f = new float[] { 1.1f, 1.2f, 1.3f, 1.4f };
        bool[] b = { true, false, true };
        char[] ch = { 'a', 'b', 'c', 'd' };
        //引用类型数组初始化必须使用 new 运算符为每个元素创建实例
```

```
Fruit[] fruit = new Fruit[] { new Fruit("苹果", 10), new Fruit("梨子", 20), new Fruit
("香蕉", 15) };

Console.Write("整型数组 a:");
for (int i = 0; i < a.Length; i++)
        Console.Write("\t a[{0}] = {1}", i, a[i]);

Console.Write("\n 浮点型数组:");
for (int i = 0; i < f.Length; i++)
        Console.Write("\t f[{0}] = {1}", i, f[i]);

Console.Write("\n 布尔型数组:");
for (int i = 0; i < b.Length; i++)
        Console.Write("\t b[{0}] = {1}", i, b[i]);

Console.Write("\n 字符数组:");
for (int i = 0; i < ch.Length; i++)
        Console.Write("\t ch[{0}] = {1}", i, ch[i]);

Console.Write("\n 引用类型数组:");
for (int i = 0; i < fruit.Length; i++)
        Console.Write("\t fruit[{0}]:{1}{2}个", i, fruit[i].Name, fruit[i].Count);

//用一个数组初始化另外一个数组
int[] refer = a;                    //直接用数组名赋值只是新建了一个数组的引用
int[] clone = (int[])a.Clone();     //克隆会构建一个数组的副本

Console.Write("\na 数组的引用:");
for (int i = 0; i < a.Length; i++)
        Console.Write("\t refer[{0}] = {1}", i, refer[i]);
Console.Write("\na 数组的克隆:");
for (int i = 0; i < a.Length; i++)
        Console.Write("\t clone[{0}] = {1}", i, clone[i]);

//对数组元素值进行修改
a[0] = 5;
refer[1] = 8;
clone[2] = 15;
//数组 a 的值已发生更改,除了第一个元素外,第二个元素值也随 refer 的修改而发生了变化
Console.Write("\n\n 修改后的 a:");
for (int i = 0; i < a.Length; i++)
        Console.Write("\t a[{0}] = {1}", i, a[i]);
//refer 数组值也随 a 数组的改变而发生了改变,可见数组 refer 与数组 a 指向同一块内存区域
Console.Write("\n 修改后的 refer:");
```

```
        for (int i = 0; i < a.Length; i++)
                Console.Write("\t refer[{0}] = {1}", i, refer[i]);
    Console.Write("\n 修改后的 clone");
    //数组 clone 与 a 互不影响
    for (int i = 0; i < a.Length; i++)
            Console.Write("\t clone[{0}] = {1}", i, clone[i]);
    Console.Read();
    }
}
```

例 8-2 的运行结果如图 8-3 所示。

```
C:\Windows\System32\cmd.exe                              —    □    ×
整型数组a:        a[0] = 1        a[1] = 2        a[2] = 3
浮点型数组:       f[0] = 1.1      f[1] = 1.2      f[2] = 1.3      f[3] = 1.4
布尔型数组:       b[0] = True     b[1] = False    b[2] = True
字符数组:         ch[0] = a       ch[1] = b       ch[2] = c       ch[3] = d
引用类型数组:     fruit[0]:苹果10个      fruit[1]:梨子20个      fruit[2]:香蕉15个

a数组的引用:      refer[0] = 1    refer[1] = 2    refer[2] = 3
a数组的克隆:      clone[0] = 1    clone[1] = 2    clone[2] = 3

修改后的a:        a[0] = 5        a[1] = 8        a[2] = 3
修改后的refer:    refer[0] = 5    refer[1] = 8    refer[2] = 3
修改后的clone     clone[0] = 1    clone[1] = 2    clone[2] = 15
```

图 8-3　例 8-2 的运行结果

例 8-2 中展示了多种类型数组的初始化方式,从例子中可以看出,简单数据类型数组的初始化方式比较灵活,引用类型数组元素的初始化必须使用 new 运算符。

8.1.4　多维数组初始化

前面介绍的数组都是一维数组,而数组是支持嵌套的,一个数组的元素可以是另外一个数组,这样就构成了多维数组。多维数组的声明形式如下:

数据类型[, , …]　数组名

其中,方括号中的“,”表示数组的维数,数组的维数值为方括号中“,”的个数加 1。没有“,”是一维数组,1 个“,”是二维数组,2 个“,”是三维数组,以此类推,可声明具有更多维度的数组。为了便于人们理解,通常数组的维度都不超过三维。例如:

string[,] students;

students = new string[3, 2];

上例表示创建一个名为“students”的数组,该数组是一个 3 行 2 列的二维字符串数组。多维数组的初始化形式与一维数组的初始化形式类似,例如:

string[,] students;

students = new string[3, 2]{{"张向红","女"},{"李敬业","男"},{"王兴盛","男"}};

上例表示声明一个名为“students”的二维字符串数组,并分配相应的存储空间来存放 3 个学生的姓名、性别等信息。实例化数组元素后,就可以通过索引表达式访问其中的元素了。形式如下:

数组名[索引表达式 1,索引表达式 2,…]

与一维数组的索引表达式相同,多维数组的索引表达式的值也必须是整数类型。因为多维数组是由一维数组嵌套而成的,所以多维数组的索引表达式的值的取值范围是从 0 到数组长度减 1。数组的维数是多少,索引表达式就有多少,索引表达式之间用","分隔。多维数组索引值与元素内容的对应关系如图 8-4 所示。

图 8-4 多维数组索引值与元素内容的对应关系

students 数组可以被看作由 3 个一维数组组成,组成它的一维数组都拥有 2 个元素。同理,更高维的数组也可以用这种形式来降维,以便于理解。

多维数组的遍历需用多重循环,一个下标对应一重循环控制变量。二维数组的整体操作用两重循环完成,外重循环遍历第一个下标,内重循环遍历第二个下标。

我们也可以参考这种方式来学习二维以上的数组。例如,三维数组就是由若干个二维数组组成的:

```
string[, ,] group = new string[3, 2, 2]{
                {{ "张向红","女" },{ "李敬业","男" }},
                {{ "王兴盛","男" },{ "赵建国","女" }},
                {{ "吴爱国","女" },{ "陈繁荣","男" }}
};
```

上面的代码创建了一个三维数组 group,用来存放 3 组学生信息,每组学生信息都是一个 2 行 2 列的二维数组。

【例 8-3】 多维数组初始化。

```
//8-3.cs
static void Main(string[] args)
{
    //声明一个二维字符串数组 students
    string[,] students;
    //初始化 students 数组为 3 行 2 列
    students = new string[,] { { "张向红","女" },{ "李敬业","男" },{ "王兴盛","男" } };

    Console.WriteLine("students 数组:{{ \"张向红\", \"女\" },{ \"李敬业\", \"男\" },{ \"王兴盛\", \"男\" }}");
    //数组的维数
    Console.WriteLine("students 数组的维数:{0}", students.Rank);

    //数组的维度
```

```
for (int i = 0; i < students.Rank; i++)
    Console.WriteLine("students 数组{0}维维度:{1}", i + 1, students.GetLength(i));


//数组长度
Console.WriteLine("\nstudents 数组长度:{0}\n", students.Length);


//计算多维数组长度,数组长度为维度值的乘积
int len = 1;
for (int i = 0; i < students.Rank; i++)
    len *= students.GetLength(i);
Console.WriteLine("多维数组长度 = 各维维度的乘积:{0}\n", len);


Console.WriteLine("students 数组信息");
//遍历二维数组 students
for (int i = 0; i < students.GetLength(0); i++)
{
    Console.Write("第{0}名学生信息:", i + 1);
    for (int j = 0; j < students.GetLength(1); j++)
    {
        Console.Write("\t{0}", students[i, j]);
    }
    Console.Write("\n");
}
Console.Write("\n");


//声明并初始化三维字符串数组 group
string[,,] group = new string[3, 2, 2]{ {{ "张向红", "女" }, { "李敬业", "男" }},
        {{ "王兴盛", "男" }, { "赵建国", "女" }},
        {{ "吴爱国", "女" }, { "陈繁荣", "男" }}
};


Console.WriteLine("group 数组信息");
//遍历三维数组 group
for (int i = 0; i < group.GetLength(0); i++)
{
    Console.Write("第{0}组:\n", i + 1);
    for (int j = 0; j < group.GetLength(1); j++)
    {
        Console.Write("第{0}名学生信息:", j + 1);
        for (int k = 0; k < group.GetLength(2); k++)
        {
            Console.Write("{0}\t", group[i, j, k]);
        }
    }
```

```
        Console.Write("\n");
    }
    Console.Read();
}
```

例 8-3 的运行结果如图 8-5 所示。

图 8-5　例 8-3 的运行结果

在例 8-3 中，数组的秩（Rank）属性返回数组的维数；方法 GetLength 返回当前数组中指定维的长度（维度），其参数即维的序号；Length 属性返回当前数组中元素的总数。

8.1.5　交错数组初始化

交错数组是指数组的元素是多个类型和维度相同的任意数组，元素的长度可以不同，这和多维数组是不一样的，也就是说，交错数组是"数组的数组"。例如：

int[ ][ ] JaggedArray = new int[3][ ];

声明并创建了一个整型交错数组，它是由 3 个一维整型数组组成的。与二维数组不同的是，交错数组需要定义 2 个[ ]，在不指定初始值的情况下，必须指定第 1 个下标的数值，第 2 个[ ]只规定元素的维度，长度任意。交错数组内的每个元素都是引用类型的，元素的默认值为 null。在访问其元素前，必须使用 new 运算符初始化。例如：

JaggedArray[0] = new int[2];

JaggedArray[1] = new int[3];

JaggedArray[2] = new int[5];

上例中，交错数组 JaggedArray 的每个元素都是一个一维整型数组。第 1 个元素被设置为拥有 2 个整型元素的数组；第 2 个元素被设置为拥有 3 个整型元素的数组；第 3 个元素被设置为拥有 5 个整型元素的数组。从中可以发现，交错数组元素中所包含的数组元素的维数固定，长度可以不同。

交错数组内部的每个数组都可以独立指定维数，不像二维数组那样有列就有行，交错数组不是一个规整的行列结构。查看数组的 Rank 属性就能发现任意交错数组的维数都为 1，也就是说,交错数组实际上是一维数组,数组中成员的长度可以不同,因为每个元素的长度是由实例化数组的长度来决定的。交错数组又称为"不规则数组"。

交错数组同样可以使用初始值列表进行初始化,可以不指定数组的长度,例如:

```
JaggedArray[0] = new int[2]{1, 2};     //指定数组长度
JaggedArray[1] = new int[ ]{3, 4, 5};  //不指定数组长度
JaggedArray[2] = new int[ ]{6, 7, 8, 9, 10};
```

交错数组的初始化还可以在声明的时候直接进行,例如:

```
int[ ][ ] JaggedArray = new int[ ][ ]{
    new int[2]{1, 2},
    new int[ ]{3, 4, 5},          //可以不指定元素数组的长度
    new int[ ]{6, 7, 8, 9, 10}
};
```

交错数组元素值的访问可以使用下面的形式:

```
JaggedArray[0][1] = 11;          //给第 1 行第 2 个元素赋值
JaggedArray[1][4] = 12;          //给第 2 行第 5 个元素赋值
```

上例将交错数组 JaggedArray 的第 1 个数组元素中的第 2 个元素赋值为 11,第 3 个数组元素中的第 5 个元素赋值为 12。

交错数组的元素也可以是多维数组。下面声明和初始化一个交错数组,该数组中的所有元素都是二维数组:

```
int[ ][,] JaggedArray1 = new int[ ][,]{
    new[,] { { 1, 2, 3 }, { 4, 5, 6 } },
    new int[,] { { 7, 8 }, { 9, 10 }, { 11, 12 } }
};
```

上例声明并创建了一个整型的交错数组,该数组包含 2 个整型二维数组元素,分别是 2 行 3 列和 3 行 2 列。访问该数组中的元素值可以使用如下方式:

```
JaggedArray1[1][2, 0] = 15;
```

上例将交错数组 JaggedArray1 中第 2 个数组元素的第 3 行第 1 列的数值赋值为 15。

【例 8-4】 交错数组初始化。

```
//8-4.cs
static void Main(string[ ] args)
{
    //交错数组需要定义 2 个[ ],在不指定初始值的情况下,必须指定第一个下标的个数,第二个下标
      不能指定
    int[ ][ ] JaggedArray = new int[ ][ ]{
        new int[ ]{1, 2},
        new int[ ]{3, 4, 5},
        new int[5]{6, 7, 8, 9, 10}
    };
    int[ ][,] JaggedArray1 = new int[ ][,]{
        new[,] { { 1, 2, 3 }, { 4, 5, 6 } },
        new int[,] { { 7, 8 }, { 9, 10 }, { 11, 12 } }
```

```
    );

    //交错数组的维数都是 1
    Console.WriteLine("交错数组是一维数组");
    Console.WriteLine("JaggedArray 的维数:{0},JaggedArray1 的维数:{1}", JaggedArray.Rank,
    JaggedArray1.Rank);
    Console.WriteLine("\n交错数组的长度值即其包含的数组元素个数");
    Console.WriteLine("JaggedArray 的长度:{0},JaggedArray1 的长度:{1}", JaggedArray.Length,
    JaggedArray1.Length);

    //遍历交错数组
    Console.WriteLine("\nJaggedArray 数组包含{0}个数组元素", JaggedArray.Length);
    for (int i = 0; i < JaggedArray.Length; i++)
    {
        Console.Write("JaggedArray 中的第{0}个数组元素:", i + 1);
        //使用 Length 属性动态获取一维数组元素个数
        for (int j = 0; j < JaggedArray[i].Length; j++)
        {
            Console.Write("{0}\t", JaggedArray[i][j]);
        }
        Console.Write("\n");
    }

    Console.WriteLine("\nJaggedArray1 数组包含{0}个数组元素", JaggedArray1.Length);;
    for (int i = 0; i < JaggedArray1.Length; i++)
    {
        Console.Write("JaggedArray 中的第{0}个数组元素:\n", i + 1);
        //使用 GetLength 方法动态获取二维数组元素的行列值
        for (int j = 0; j < JaggedArray1[i].GetLength(0); j++)
        {
            for (int k = 0; k < JaggedArray1[i].GetLength(1); k++)
            {
                Console.Write("{0}\t", JaggedArray1[i][j, k]);
            }
            Console.Write("\n");
        }
        Console.Write("\n");
    }
    Console.Read();
}
```

例 8-4 的运行结果如图 8-6 所示。

图 8-6　例 8-4 的运行结果

8.2　数组与方法

与 C♯中一般的对象相同，数组也可以在方法之间进行传递。

8.2.1　将数组传递给方法

将初始化的一维数组传递给方法。例如：

```
PrintArray(aArray);
```

上面调用的方法可定义为

```
void PrintArray(int[ ] arr)
{
    //方法代码
}
```

我们也可以在一个步骤中初始化并传递新数组。例如：

```
PrintArray(new int[ ]{ 1, 3, 5, 7, 9 });
```

多维数组作为参数传递给方法的形式与一维数组类似。

引用类型作为函数参数时，引用类型形参值的改变能导致其对应的实参值同步发生变化。

【例 8-5】　将数组作为参数传递给函数。

```
//8-5.cs
private static void TestMethod1(int[ ] arr)
{
    int sum = 0;
    for (int i = 0; i < arr.Length; i++)
        sum += arr[i];
    Console.WriteLine("计算结果:{0}", sum);
    //修改输入的数组参数第一个元素的值
```

```
        arr[0] = 88;
}


private static void TestMethod2(ref int[ ] arr)
{
        int sum = 0;
        for (int i = 0; i < arr.Length; i++)
                sum += arr[i];
        Console.WriteLine("计算结果:{0}", sum);
        //给输入参数重新赋值
        arr = new int[ ] { 5, 4, 3};
}


static void Main(string[ ] args)
{
        int[ ] arr = new int[ ] {1, 2, 3, 4, 5};
        Console.Write("调用 TestMethod1 前的数组:");
        for (int i = 0; i < arr.Length; i++)
                Console.Write("{0}\t", arr[i]);
        Console.WriteLine();
        //传递数组参数
        TestMethod1(arr);
        Console.Write("调用 TestMethod1 后的数组:");
        for (int i = 0; i < arr.Length; i++)
                Console.Write("{0}\t", arr[i]);

        Console.WriteLine();
        //传递数组参数
        TestMethod2(arr);
        Console.Write("调用 TestMethod2 后的数组:");
        for (int i = 0; i < arr.Length; i++)
                Console.Write("{0}\t", arr[i]);

        Console.Read();
}
```

例 8-5 的运行结果如图 8-7 所示。

图 8-7 例 8-5 的运行结果

在例 8-5 中，TestMethod1 方法对数组所做的修改影响到了调用之外。调用 TestMethod2 方法时也对参数值进行了修改，调用结束后参数 arr 的值却没有发生变化。这是因为方法中的最后一句将数组参数变量指向了一个新的引用。

8.2.2　参数数组

在迄今为止所涉及的例子中，方法中参数的数量都在方法声明时进行了固定，调用时要严格依照声明时的约定。然而，我们有时希望方法参数的数量是可变的。C#提供了一个特殊的关键字——params，它允许在调用一个方法时提供数量不同的参数，而不是由方法事先固定好参数。参数数组允许多个参数用一个自变量来表示。换言之，参数数组允许可变长度的自变量列表，典型的应用就是系统的格式化字符串函数，如 WriteLine("{0},{1},{2}",x,y,z)。

参数数组是指用关键字 params 修饰的数组类型的形式参数。参数数组的类型总是一维数组类型。在方法声明中只能用一个 params 修饰符，而且必须是最后一个。

【例 8-6】　参数数组。

```
//8-6.cs
static void Main(string[ ] args)
{
        int[] arr = new int[] { 1, 2, 3 };
        //数组参数
        Console.WriteLine("数组参数");
        ParamsMethod(arr);
        //值列表参数
        Console.WriteLine("值列表参数");
        ParamsMethod(11, 12, 13, 14, 15);
        //新建数组参数
        Console.WriteLine("新建数组参数");
        ParamsMethod(new int[] { 20, 30, 40, 50 });
        //空参数
        Console.WriteLine("空参数");
        ParamsMethod();
        //多种不同类型的参数
        Console.WriteLine("多种不同类型的参数");
        MyWriteMethod("{0},{1},{2},{3},{4}", 1, "abc", 2.5f, 'n', true);

        //日期类型参数
        Console.WriteLine("\n日期类型参数");
        MyWriteMethod("系统时间:{0},UTC时间:{1}\n", DateTime.Now, DateTime.UtcNow);Console.Read();
}

private static void MyWriteMethod(string Msg, params object[ ] obj)
{
        if (obj == null)
        {
                Console.Write(Msg);
```

```
        return;
    }

    for (int i = 0; i < obj.Length; i++)
    {
        //将{n}的形式用对应数组元素替换
        Msg = Msg.Replace("{" + i + "}", obj[i].ToString());
    }
    Console.Write(Msg);
}

private static void ParamsMethod(params int[] list)
{
    for (int i = 0; i < list.Length; i++)
    {
        Console.Write(list[i] + "\t");
    }
    Console.WriteLine();
}
```

例 8-6 的运行结果如图 8-8 所示。

图 8-8 例 8-6 的运行结果

8.2.3 返回数组

数组也可以用作方法的返回值,需要注意的是,从某一方法返回数组,实际返回的只是一个数组的引用。

【例 8-7】 数组类型返回值。
```
//8-7.cs
static void Main(string[] args)
{
    int[] a = { 1, 3, 5, 7, 9 };
    int[] a1;

    a1 = CopyArray(a);
```

```
        for (int i = 0; i < a1.Length; i++)
              Console.Write("a1[{0}] = {1}\t", i, a1[i]);


        Console.Read();
    }


    public static int[ ] CopyArray(int[ ] array)
    {
        int[ ] a = new int[array.Length];
        //将参数数组的值复制到局部变量
        for (int i = 0; i < array.Length; i++)
              a[i] = array[i];


        //返回数组
        return a;
    }
```

例 8-7 的运行结果如图 8-9 所示。

图 8-9　例 8-7 的运行结果

由例 8-7 可知,通过返回的数组对象引用,我们可以操作相应数组中的所有元素。

8.3　Array 类

所有的数组类型都继承自 System.Array 抽象类,该类提供的一些方法可以对数组进行复制、排序、搜索等操作。

8.3.1　数组的复制

除了可以通过编写循环语句将数组的全部或部分元素复制到另外一个数组之外,我们也可以使用 Array 类提供的 Copy 方法来完成该操作。

【例 8-8】　Array 类。

```
//8-8.cs
static void Main(string[ ] args)
{
    //一维数组的复制
    int[ ] a = {1, 3, 5, 7, 9};
    int[ ] b = {0, 0, 0, 0};
    Console.WriteLine("将一维数组 a 的前两元素赋值给数组 b");
```

```
//从数组a向数组b拷贝前2个元素
Array.Copy(a, b, 2);

for (int i = 0; i < b.Length; i++)
        Console.Write("b[{0}] = {1}\t", i, b[i]);
Console.WriteLine();

//多维数组的复制
int[,] A = new int[,]{ { 1, 3 }, { 5, 7 }, { 9, 11 } };
int[,] B = new int[,]{ { 0, 0 }, { 0, 0 }, { 0, 0 } };

Console.WriteLine("将二维数组 A 的前 3 个元素赋值给数组 B");
Array.Copy(A, B, 3);
for (int i = 0; i < B.GetLength(0); i++)
{
        for (int j = 0; j < B.GetLength(1); j++)
                Console.Write("b[{0}][{1}] = {2}\t", i, j, B[i, j]);
        Console.WriteLine();
}

Console.Read();
}
```

例 8-8 的运行结果如图 8-10 所示。

图 8-10　例 8-8 的运行结果

从代码和运行结果可以看出，使用 Array.Copy 函数可使数组复制的代码变得非常简洁。必须注意的是，在使用 Array.Copy 函数时，源数组和目的数组必须具有兼容的数据类型，该方法在复制数据时会自动进行类型转换。

8.3.2　数组的排序

除了可以通过编写排序算法对数组元素进行排序之外，还可以使用 Array 类提供的方法 Array.Sort 完成该操作。Array.Sort 方法既可以对数组中的全部元素按升序排序，也可以对数组中的部分元素排序，但该方法只能对一维数组进行操作。

【例 8-9】　数组排序。

```
//8-9.cs
static void Main(string[ ] args)
```

195

```
{
        int[ ] a = { 11, 9, 7, 5, 3 , 1 };

        Console.WriteLine("排序前数组内容:");
        for (int i = 0; i < a.Length; i++)
                Console.Write("a[{0}] = {1}\t", i, a[i]);
        Console.WriteLine();

        Array.Sort(a, 1, 3);
        Console.WriteLine("调用 Array.Sort(a, 1, 3)后数组内容:");
        for (int i = 0; i < a.Length; i++)
                Console.Write("a[{0}] = {1}\t", i, a[i]);

        Console.WriteLine();
        Array.Sort(a);
        Console.WriteLine("调用 Array.Sort(a)后数组内容:");
        for (int i = 0; i < a.Length; i++)
                Console.Write("a[{0}] = {1}\t", i, a[i]);

        Console.Read();
}
```
例 8-9 的运行结果如图 8-11 所示。

图 8-11　例 8-9 的运行结果

8.3.3　数组的查找

通过调用方法 Array.BinarySearch,我们可以在一个一维数组中查找某个元素。如果有匹配的数据,该方法将返回该数据在数组中的索引值,否则,返回−1。

【例 8-10】　在数组中查找。

```
//8-10.cs
static void Main(string[ ] args)
{
        int[ ] a = { 11, 9, 7, 5, 3, 1, 0 };
        string[ ] b = { "ABC", "abc", "123", " + - * ", "&|^" };
        int[ ] c = { 'b', 'd', 'e', 'a', 'f', 'k', 'a' };
        double[ ] d = { 2, 1, 3.5, 4.1, 0, 100.1, 33 };

        Console.WriteLine("在整型数组{11, 9, 7, 5, 3, 1, 0}中查找数值"3"");
```

```
int index = Array.BinarySearch(a, 3);
Console.WriteLine("查找结果:" + index);

Array.Sort(a);
Console.WriteLine("在使用 Sort 方法排序后的整型数组{11,9,7,5,3,1,0}中查找数值"3"");
index = Array.BinarySearch(a, 3);
Console.WriteLine("查找结果:" + index);

Console.WriteLine("在字符串数组{\"ABC\", \"abc\", \"123\", \" +-* \", \"&|^\"}中查找字
符串"123"");
index = Array.BinarySearch(b, "123");
Console.WriteLine("查找结果:" + index);

Console.WriteLine("在字符数组{'b','d','e','a','f','k','a'}中查找数值"a"");
index = Array.BinarySearch(c, 'a');
Console.WriteLine("查找结果:" + index);

Console.WriteLine("在浮点数数组{2,1,3.5,4.1,0,100.1,33}中查找数值"2"");
index = Array.BinarySearch(d, 2);
Console.WriteLine("查找结果:" + index);
}
```

例 8-10 的运行结果如图 8-12 所示。

```
C:\Windows\System32\cmd.exe                              —    □    ×
在整型数组{11, 9, 7, 5, 3, 1, 0}中查找数值 "3"
查找结果：-1
在使用Sort方法排序后的整型数组{11, 9, 7, 5, 3, 1, 0}中查找数值 "3"
查找结果：2
在字符串数组{"ABC", "abc", "123", "+-*", "&|^"}中查找字符串 "123"
查找结果：2
在字符数组{'b', 'd', 'e', 'a', 'f', 'k', 'a'}中查找数值 "a"
查找结果：3
在浮点数数组{2, 3.5, 1, 4.1, 0, 100.1, 33}中查找数值 "2"
查找结果：-3
```

图 8-12　例 8-10 的运行结果

从代码和运行结果可以看出,使用 Array. BinarySearch 函数可以方便地查找到某个值是否存在于数组中。需要注意的是,BinarySearch 属于二分查找算法,这种查找算法的前提是有序,在查找之前必须先使用 Sort 方法对要查找的数组进行排序,否则,即便要查找的值存在于数组中,也不能得到该值在数组中正确的索引序号,甚至可能得到负值。

8.4　foreach 语句

foreach 语句在编程目的上与 for 语句相似,用来遍历数组或其他集合类型内的元素。

在 C# 语言中,foreach 语句的一般形式如下:

```
foreach(元素数据类型 循环变量名 in 集合)
    语句
```

其中，元素数据类型必须与集合中元素的数据类型兼容。foreach 语句的执行总是从集合的第一个元素开始逐一对集合进行遍历。也正是因为如此，foreach 语句只适合对集合进行遍历，不能灵活控制循环结构。需要注意的是，在 foreach 代码块中，元素的值如果是简单类型，则其值不能被改变；如果是对象变量，则其值有可能被调用对象的相关方法改变。

【例 8-11】 foreach 语句。

```
//8-11.cs
class _8_11
{
    static void Main(string[ ] args)
    {
        int sum = 0;
        int[ ] a = { 1, 3, 5, 7, 9 };

        Console.WriteLine("数组元素:");
        //数组元素为简单类型
        foreach (int i in a)
        {
            sum += i;
            Console.Write("{0}\t", i);
            //i++;  //当试图改变简单变量值时,会出现如下错误
            //"i"是一个"foreach 迭代变量",无法为它赋值
        }
        Console.WriteLine();
        Console.WriteLine("整型数组所有元素的和为:{0}", sum);
        Console.WriteLine();

        ComplexVar[ ] b = {new ComplexVar(1, 2), new ComplexVar(2, 3)};
        int index = 0;

        Console.WriteLine("对象类型数组原始值:");
        foreach (ComplexVar Comp in b)
        {
            Console.WriteLine("对象变量数组元素 b[{0}].i = {1},b[{0}].j = {2}", index,
            Comp.i, Comp.j);
            Comp.i += 1;
            Comp.j -= 1;
            index++;
        }
        Console.WriteLine();

        Console.WriteLine("foreach 语句中修改对象类型元素后的结果:");
        index = 0;
        foreach (ComplexVar Comp in b)
```

```
        {
            Console.WriteLine("对象变量数组元素 b[{0}].i = {1},b[{0}].j = {2}", index,
            Comp.i, Comp.j);
            index ++ ;
        }

            Console.Read();
        }
    }

class ComplexVar
{
        public int i;
        public int j;
        public ComplexVar(int Val1, int Val2)
        {
            i = Val1;
            j = Val2;
        }
}
```

例 8-11 的运行结果如图 8-13 所示。

图 8-13　例 8-11 的运行结果

在例 8-11 中,第一个 foreach 结构中的数组元素为简单类型,这些值不允许在循环过程中被改变,否则会引发编译异常;第二个 foreach 结构中的数组元素为对象类型,这些值可以在循环过程中被改变。

8.5　常用集合类

什么是集合？集合如同数组一样,用来存储和管理一组特定类型的数据,除了基本的数据处理功能之外,它还提供了各种数据结构及算法的实现,如队列、链表、排序等,可以让我们轻松地完成复杂的数据操作。在使用数组和集合时,需要先加入 System.Collections 命名空间,它提供了支持各种类型集合的接口及类。集合本身也是一种类型,我们可以将其视为存储一组数据对象的容器。由于 C# 面向对象的特性,管理数据对象的集合同样被视为对象,而存储在集合中的数据对象则被称作集合元素。

常用的集合类有 ArrayList、Queue、Stack、Hashtable 等。

8.5.1 ArrayList

ArrayList 是一个能根据实际需要动态改变大小的一维数组。它包含任何托管类型的元素，而且不要求所包含元素的数据类型相同。ArrayList 被创建时会有一个默认容量，该容量大小为 4，当添加元素时，ArrayList 的容量不会立即增加，当插入元素的总数超过当前容量值时，该值会在当前容量的基础上翻倍。

我们可以将 ArrayList 看作一个扩充了功能的数组，但 ArrayList 并不等同于数组，与数组相比，它们的功能和区别如下。

（1）数组的容量是固定的，但 ArrayList 的容量可以根据需要自动扩充。当我们修改 ArrayList 的容量时，ArrayList 可以自动进行内存重新分配和元素复制，比如向 1 号索引位插入 n 个元素后，元素的索引会依次向后 n 个位置排列。ArrayList 是动态版本的数组类型，也称动态数组。

（2）在数组中，一次只能获取或设置一个元素的值，比如利用索引赋值。ArrayList 提供添加、插入或移除某一范围元素的方法。

（3）数组可以是多维的，而 ArrayList 只有一维。

（4）数组要求所有元素类型一致，而 ArrayList 的每个元素的数据类型都可以不同，但不推荐这样去用，在实际应用时，数据类型统一更利于操作。

【例 8-12】 ArrayList 的应用。

```
//8-12.cs
static void Main(string[ ] args)
{
    ArrayList al = new ArrayList();
    Console.WriteLine("新建 ArrayList 对象的容量:{0}。", al.Capacity);
    //调用 Add 方法向 ArrayList 添加字符串元素
    al.Add("Hello");
    Console.WriteLine("添加 1 个元素后 ArrayList 对象的容量:{0}。", al.Capacity);
    al.Add("!");
    al.Add("!");
    Console.WriteLine("添加 3 个元素后 ArrayList 对象的容量:{0}。", al.Capacity);

    //显示 ArrayList 内容
    DisplayArrayList(al);

    //用 Insert 方法在指定的索引处插入 1 个元素
    al.Insert(1, "World");
    DisplayArrayList(al);
    Console.WriteLine("添加 4 个元素后 ArrayList 对象的容量:{0}。", al.Capacity);

    //用 InsertRange 方法在指定索引处批量插入一组整型元素,数据类型与已有类型不同
    int[ ] s = { 1, 2, 3 };
    al.InsertRange(1, s);
```

```
Console.WriteLine("添加 7 个元素后 ArrayList 对象的容量:{0}。", al.Capacity);
DisplayArrayList(al);

//删除第 1 个元素后的 3 个元素
for (int i = 0; i < 3; i++)
        //删除索引处元素
        al.RemoveAt(1);
DisplayArrayList(al);

//用 Remove 方法删除第 1 个与指定值匹配的元素
al.Remove("!");

//用 IndexOf 方法查找是否有匹配的值,若找到,则返回索引值,否则返回 - 1
while (al.IndexOf(1) != -1)
        al.Remove(1);
DisplayArrayList(al);

//Contains 方法也具有查找功能,若找到,则返回 true,否则返回 false
Console.WriteLine("查找！的结果:{0}", al.Contains("!"));

//用 Clear 方法清除 ArrayList 中的所有元素
al.Clear();
Console.WriteLine("调用 Clear 方法后,ArrayList 对象的元素数量:{0},容量:{1}", al.Count,
al.Capacity);
Console.Read();
}


static void DisplayArrayList(ArrayList al)
{
        for (int i = 0; i < al.Count; i++)
                Console.Write("{0}", al[i]);
        Console.WriteLine();
}
```

例 8-12 的运行结果如图 8-14 所示。

图 8-14　例 8-12 的运行结果

通过例 8-12,我们应该已经了解了集合 ArrayList 的常用方法,下面总结一下,ArrayList 相比数组有什么好处:ArrayList 占用的空间可以根据元素数量动态增加,不受事先设置大小的影响;可以方便地添加、插入或移除某一范围元素。但是 ArrayList 也有不足。在 ArrayList 中,任何类型的对象都可以添加到集合中,在遍历的时候,数据类型不一致会导致处理方式比较复杂。ArrayList 对象的容量只会自动增加,不会自动减少。

8.5.2 Queue

Queue 封装了一个先进先出(First In First Out,FIFO)的集合。Queue 也称为队列,以入队的先后次序来存储对象,类似于一个两端开口的单向管道。这和日常生活中的竹筒倒豆子很像,只有竹筒头部的那颗豆子才可以被看到并取出,竹筒中间部分所有的豆子都不可见,而且不可使用。Queue 对象具有一个增长系数,当存储的元素数达到它的容量时,这个容量会根据增长系数自动增加。

Queue 对象只能使用 Enqueue 方法向队列的末尾添加元素;使用 Dequeue 方法从队列的头部移除并返回元素;使用 Peek 方法返回队列头部的元素,但不移除。

下面的代码演示了将 3 个字符串入队,再按先进先出的原则取用:

```
Queue q = new Queue();
//用 Enqueue 方法向队列的末尾加入元素
q.Enqueue("Hello");
q.Enqueue("world");
q.Enqueue("!");

//用 Peek 方法查看位于 Queue 头部的元素,但不移除
Console.WriteLine("堆顶部元素为:{0}", q.Peek());

for (int i = 0; i < q.Count; i ++ )
        //用 Dequeue 方法得到并移除头部的元素
        Console.Write("{0}", q.Dequeue());
```

输出:

```
Hello world !
```

8.5.3 Stack

Stack 封装了一个后进先出(Last In First Out,LIFO)的集合。Stack 也称为堆,以入队的先后次序来存储对象,类似于一个一端开口的管道。这就像一个很窄的死胡同,进出都得走原路,如果后面有人进来,先进去的人就被堵在里面了,只有等后来的人出去后,先进去的人才能出来。Stack 在本质上与它的近亲 Queue 相似,只是元素进出的方向不同。

Stack 对象只能使用 Push 方法向堆中压入元素;使用 Pop 方法从堆的顶部移除并返回元素;使用 Peek 方法返回顶部元素,但不移除。

下面的代码演示了将 3 个字符串压入堆中,再按后进先出的原则从堆中取用:

```
Stack sk = new Stack();
//用 Push 方法向堆中压入元素,最后压入的数据在最顶部
sk.Push("!");
```

```
sk.Push("world");
sk.Push("Hello");

int count = sk.Count;
//用 Peek 方法查看位于堆顶部的元素,但不移除
Console.WriteLine("堆顶部元素为:{0}", sk.Peek());

for (int i = 0; i < count; i++)
        //用 Pop 方法弹出堆顶部的元素
        Console.Write("{0}", sk.Pop());
```
输出:
```
Hello world !
```

8.5.4 Hashtable

Hashtable 封装了一个键/值(key/value)对的集合,值根据键的散列代码组织在一起,键通常用来进行快速查找,同时键是大小写敏感的;值用于保存对应于键的值。Hashtable 中键/值对的键与值均为 object 类型,所以 Hashtable 支持任何类型的键/值对。

当一个键/值对被添加到 Hashtable 中时,系统会根据键的散列代码把它放入一个存储桶(bucket)中。键在 Hashtable 中具有唯一性,Hashtable 的查找机制只对存储桶中的键进行查找,而不理会其值,这样就提高了检索速度。键、值总是成对出现的,找到键就会相应地找到值。正因为键是散列存放的,所以是无序的,自然也就不能使用数值索引的方式来访问 Hashtable 中的值。

【例 8-13】 Hashtable 的应用。
```
//8-13.cs
static void Main(string[] args)
{
        Hashtable ht = new Hashtable();
        ht.Add("name", "黄国庆");
        ht.Add("age", 20);
        ht.Add("sex", "男");
        ht.Add("addr", "湖北荆州");
        //在已知 key 的前提下访问 Hashtable
        Console.WriteLine("name:{0}  age:{1}  sex:{2}  addr:{3}", ht["name"], ht["age"],
        ht["sex"], ht["addr"]);

        Console.WriteLine("遍历 Hashtable");
        DisplayHashtable(ht);

        //移除键"age"及与之相关的值
        ht.Remove("age");
        Console.WriteLine("移除键"age"后的结果");
        DisplayHashtable(ht);

        Console.WriteLine("查找键"age"的结果:{0}\t 查找键"sex"的结果:{1}", ht.Contains
```

```
                ("age"), ht.Contains("sex"));
                Console.WriteLine("查找值"黄国庆"的结果:{0}", ht.ContainsValue("黄国庆"));

                Console.Read();
        }

        static void DisplayHashtable(Hashtable ht)
        {
                //根据键遍历 Hashtable
                foreach (object key in ht.Keys)
                {
                        Console.WriteLine("{0}:{1}", (string)key, ht[(string)key]);
                }

                //根据键/值对遍历 Hashtable,用下面注释掉的循环也能得到与上面相同的结果
                //foreach (DictionaryEntry de in ht)
                //{
                        //使用键/值对的 Key、Value 属性分别获取键和值
                //      Console.WriteLine("{0}:{1}", de.Key, de.Value);
                //}

                Console.WriteLine();
        }
```

例 8-13 的运行结果如图 8-15 所示。

图 8-15　例 8-13 的运行结果

　　在例 8-13 中,使用 Add 方法可以非常方便地向 Hashtable 中添加元素,如果键已经存在,则替换旧值;调用 Remove 方法可以将键所对应的键/值对从 Hashtable 中移除。从遍历 Hashtable 的结果可以清楚地看到,元素在 Hashtable 中存放的顺序与插入的顺序无关,这也证明 Hashtable 中的元素是散列存放的。使用 Hashtable 的意义在于可以使用一个含义清晰、便于记忆的键来索引其关联的值,尽管书写的时候会有点麻烦,但这会极大提高代码的可读性,这种优势是数值下标不可比拟的。

习　题　8

一、选择题

1. 在 Array 类中,可以对一维数组中的元素进行排序的方法是(　　　)。

A. Sort() 　　　　B. Clear()　　　　C. Copy()　　　　D. Reverse()

2. 假定一个 10 行 20 列的二维整型数组,下列哪个定义语句是正确的?(　　　)

A. int[ ] arr＝new int[10,20]　　　　B. int[ ] arr＝int new[10,20]

C. int[,] arr＝new int[10,20]　　　　D. int[,] arr＝new int[20, 10]

3. 以下数组声明中不正确的是(　　　)。

A. int[ ] a;　　　　　　　　　　　B. int a[]＝new int[2];

C. int[ ] a＝{1, 3};　　　　　　　D. int[ ] a＝int[] {1, 3};

二、编程题

1. 建立一个一维数组,使用该数组存储所学习的课程名称,并输出。

2. 编写程序,把由 10 个元素组成的一维数组逆序存放再输出。

3. 先定义一个行数和列数相等的二维数组并执行初始化,然后计算该数组两条对角线上的元素值之和。

4. 编写程序,统计 4×5 的二维数组中奇数的个数和偶数的个数。

5. 编写一个应用程序将输入的字符串进行加密。字母字符串加密规则如下:'a'→'d','b'→'e',…,'w'→'z','x'→'a','y'→'b','z'→'c';'A'→'B','B'→'E',…,'W'→'Z','X'→'A','Y'→'B','Z'→'C'。对于其他字符,不进行加密。加密后的字符串要能够还原。

6. 设计程序从键盘输入若干学生的学号和姓名,并将数据存储于 HashTable 中,要求能够根据学号查询对应的姓名。

第9章 泛　　型

　　泛型是 C♯2.0引入的最强大的功能,它是指将程序中的数据类型参数化。我们可以通过泛型定义类型安全的数据结构,而无须使用实际的数据类型。泛型有助于最大限度地重用代码、保护类型的安全以及提高性能;泛型可以创建泛型集合类,System. Collections. Generic 命名空间中包含一些泛型集合类,我们可以使用这些泛型集合类来替代 System. Collections 中的集合类;泛型可以创建自己的泛型接口、泛型类、泛型方法、泛型事件和泛型委托;泛型可以对泛型类进行约束,以访问特定数据类型的方法。

　　本章主要介绍泛型、泛型集合、泛型类、泛型接口以及泛型方法。

9.1　泛型简介

　　在第8章,我们了解了集合,集合中存储的元素实际上都是 object 类型。因此,任何类型的对象都可以添加到一个集合中。由于集合中所容纳的元素只是 object 对象的引用,因此,在向集合添加值对象时,必须将它们装箱才能存储;从集合中取出值类型对象时,需要将其拆箱。装箱、拆箱都会造成重大的性能损失。即使是在集合中保存引用类型对象时,也需要从 object 类型向特定的某种引用类型进行显式数据类型转换,但这样会造成转换开销。此外,object 类型数据存在类型安全隐患,这是因为编译器在语法上允许 object 类型和任何类型间进行显式类型转换,我们无法在编译时发现代码中存在的显式类型转换错误,但在运行时,存储数据类型的不确定可能会导致运行时错误。

　　一般来说,程序都希望将一个集合中所能容纳的对象限定为某个特定的类型,因而,C♯2.0引入了泛型这一概念。所谓泛型,是指将程序中的数据类型参数化,我们可以通过它定义类型安全的类,同时又不损害类型安全和性能。泛型是一种类型占位符,或称之为类型参数。在一个方法中,变量值可以作为参数,事实上,不光是变量的值,这个变量的类型也可以作为参数。泛型能将一个实际数据类型的定义延迟至创建泛型的实例的时候。这种机制能够带来类型安全和减少装/拆箱操作这两个好处。

　　泛型通常用于集合以及作用于集合的方法。.NET Framework 类库提供一个命名空间 System. Collections. Generic,该命名空间包含几个基于泛型的集合类。

　　通常一个方法或过程的定义都是有明确的数据类型的。例如:

```
public void ProcessData(int i){}
public void ProcessData(string i){}
public void ProcessData(double i){}
```

　　这些方法的定义中的 int、string、double 都是明确的数据类型,在访问这些方法的过程中,我们必须严格按既定的类型传递参数值:

```
ProcessData(123);
ProcessData("abc");
```

```
ProcessData("12.12")
```

当我们将上述方法中的 int、string、double 等类型也当成一个参数传给方法的时候,方法的定义就会变成如下形式:

```
public void ProcessData＜T＞(T i){}
```

上面这种方式中的 T(称为类型实参)是一个抽象数据类型,在使用时可被不同的数据类型所代替,用户调用的时候则会变成如下形式:

```
ProcessData＜int＞(123);
ProcessData＜string＞("abc");
ProcessData＜double＞(12.23);
```

上面的＜int＞、＜string＞和＜double＞分别表示用 int、string 和 double 类型来替换 ProcessData 方法中出现过的类型参数 T。这种定义方式与普通方法定义最大的区别是,方法的定义实现过程只有一个而不是之前的 3 个或更多。但是它具有处理不同数据类型的能力,并且能保证类型安全。

9.2 泛型集合

由第 8 章可知,我们可以在同一集合中添加任意类型的对象,不过,大多数情况下这并不是必要的。一般来说,程序都希望将一个集合中所容纳的对象类型单一化,以便于取用。泛型最常见的用途就是创建集合类。

【例 9-1】 使用泛型集合。

```
//9-1.cs
static void Main(string[] args)
{
        //简单类型泛型集合
        List＜int＞ num = new List＜int＞();
        //num.Add(1.1);//编译错误
        num.Add(1);
        num.Add(2);
        for (int i = 0; i＜num.Count; i++)
                Console.WriteLine(num[i]);
        //对象类型泛型集合
        List＜Student＞ students = new List＜Student＞();
        students.Add(new Student("张向红"));
        students.Add(new Student("李爱国"));
        foreach (Student stu in students)
        {
                Console.WriteLine(stu.StudentName);
        }
        //常规集合类型
        ArrayList list = new ArrayList();
        list.Add(new Student("张向红"));
        list.Add(new Student("李爱国"));
```

```
        for (int i = 0; i < list.Count; i++)
                Console.WriteLine(((Student)list[i]).StudentName);
        Console.Read();
    }

public class Student
{
        public string StudentName {get;}
        public Student(string sName)
        {
                StudentName = sName;
        }
}
```

例 9-1 的运行结果如图 9-1 所示。

图 9-1　例 9-1 的运行结果

例 9-1 中,先后创建了 2 个 List<T>泛型集合实例 num 和 students。在创建时,我们不仅定义了集合类型 List,还进一步指明了集合中所包含元素的类型 T,num 和 students 分别具体化为 int 和 student(定义时,<>中的类型)。从例 9-1 不难看出,从泛型集合中取出元素无须再进行拆箱操作(或显示类型转换),而从普通集合实例 list 中取出元素则需要进行强制数据类型转换,如例 9-1 中的 list 实例。

通过使用类型参数 T,程序员可以灵活地编写代码,而不致引入强制转换或装箱操作的成本或风险。建议应用程序尽量使用泛型集合类,而不要使用普通的非泛型集合类,如 ArrayList 等。

9.3　泛型类和泛型接口

方法可以是泛型,结构体、类、接口等类型,也可以是泛型,我们可以使用泛型扩展其原有的功能。

9.3.1　泛型类

泛型类就是指带有类型参数的类。例如:
```
public class Point<T>
{
  public T X;
```

```
        public T Y;
    }
```

上面的代码定义了一个泛型类 Point，它描述平面上的一个点。在这个结构的定义里不再有明确的数据类型，数据类型都被尖括号内的类型参数 T 所替代，即成员数据 X 和 Y 的数据类型都是 T，它的具体类型在实例化对象时指定。例如，语句

```
    Point < int >  p = new Point < int >();
```

就创建了一个泛型对象 p。其中，类型参数 T 被指定为 int 型，此时 Point 结构中的 X 和 Y 这两个变量的数据类型就都是 int 型。因此，只能对 p 对象的成员变量 X 和 Y 赋整型值。例如：

```
    P.X = 100;
    P.Y = 200;
```

而下面语句则会出现编译错误，例如：

```
    P.X = 100.5;
    P.Y = 200.5;
```

如果希望用浮点数表示坐标点，则可以将浮点类型作为参数重新声明变量，而无须修改 Point 类的定义。例如：

```
    Point < double >  p = new Point < double >();
```

泛型类也可以带有多个不同的类型参数，声明变量时可以将类型参数分别具体化为不同的类型。例如：

```
    class Val < T, U > {
        public T val1;
        public T val2;
        public U val3;
    }
```

9.3.2　泛型接口

在类接口中也能使用类型参数来指代数据类型。比如 .NET 类库中同时定义了接口 IComparable 和泛型接口 IComparable<T>，前者用于将当前对象与一个 object 对象进行比较，后者用于将当前对象直接与一个有具体类型的对象进行比较。泛型接口就是指带有类型参数的接口，.NET 中数值比较接口的声明分别如下：

```
    public interface IComparable
    {
        int CompareTo(object obj);
    }
    public interface IComparable < in T >
    {
        int CompareTo(T other);
    }
```

在大部分情况下，后者比前者更有意义，它可以避免类型的装箱和拆箱操作。在类中实现数值比较接口的示例如下。

【例 9-2】　实现对象比较接口。

```
public class Student :IComparable
{
```

```
        public string Name { get; }
        public int Age { get; }
        public Student(string sname, int sage)
        {
            Name = sname;
            Age = sage;
        }
        //实现接口中的方法
        public int CompareTo(object obj)
        {
            //参数类型为object,不能直接使用,必须先将参数强制转化为 Student 对象
            Student other = obj as Student;
            //比较大小,返回结果
            return this.age.CompareTo(other.age);
        }
    }
    class Program
    {
        static void Main(string[] args)
        {
            Student stu1 = new Student("张向红", 21);
            Student stu2 = new Student("李爱国", 22);

            //对象之间进行比较
            if (stu1.CompareTo(stu2) > 0)
                Console.WriteLine("{0}的年龄大于{1}", stu1.Name, stu2.Name);
            else if (stu1.CompareTo(stu2) == 0)
                Console.WriteLine("{0}和{1}一样大", stu1.Name, stu2.Name);
            else
                Console.WriteLine("{0}的年龄小于{1}", stu1.Name, stu2.Name);

            Console.Read ();
        }
    }
```

例 9-2 的运行结果如图 9-2 所示。

图 9-2　例 9-2 的运行结果

注意,IComparable 接口中声明的 CompareTo 函数的参数必须是 object 类型,否则会引发异常。这是由接口声明规定的。

泛型接口 IComparable＜T＞就是接口 IComparable 的泛型版本,此泛型接口对类型有严格的约束,不需要类型转换。

把上面的代码改写一下,将

```
public class Student:IComparable
```

换成

```
public class Student:IComparable＜Student＞
```

同时将实现接口的代码改为

```
public int CompareTo(Student stu)
{
    return this.age.CompareTo(stu.Age);
}
```

其他代码不动,则改写之后代码的运行结果和上面代码的运行结果相同。通过对比上述两种方式可以看出泛型的优势。

9.4　泛　型　方　法

泛型方法是指使用了类型参数声明的方法。无论是定义在泛型类之内还是非泛型类之外,方法都可以声明所属类作用范围内的类型参数。

泛型类中的泛型方法:

```
class A＜T＞
{
    void Method(T t){};
}
```

非泛型类中的泛型方法:

```
class B
{
    void Method＜T＞(T t){};
}
```

调用泛型方法时可以明确指定类型实参,也可以不指定,例如:

```
Bb = new b();
b.Method＜int＞(1);    //等价于 b.Method(1);
```

若调用泛型方法时没有指定类型实参,则编译器能根据其调用方法时传递的实参类型推断出正确的类型参数。因此,如果方法没有参数,则必须明确指定类型实参。例如:

```
class A
{
    public T M＜T＞()
    {
        T t = default(T);
        return t;
    }
}
```

调用时,

```
A a = new A ();
//a.M();              //出现编译错误，无法从方法的参数中推断出类型实参的类型
a.M< int >();
```

【例 9-3】 *泛型演示。*

```
//9-3.cs
class _9_3
{
    static void Main(string[] args)
    {
        Nodes < int > N = new Nodes < int >();
        N.AddNode(1);                    //添加节点
        N.AddNode(2);
        N.AddNode(3);
        foreach (int i in N)             //遍历节点
            Console.WriteLine(i);

        N.Remove(2);                     //移除节点
        foreach (int i in N)
            Console.WriteLine(i);

        Nodes < string > S = new Nodes < string >();
        S.AddNode("abc");
        S.AddNode("ABC");
        S.AddNode("123");
        foreach (string s in S)
            Console.WriteLine(s);

        Console.Read();
    }
}

public class Node < T >
{
    public T Data { get; set; }
    //下一节点
    public Node < T > Next { get; set; }
    public Node()
    {
        Data = default(T);              //返回指定类型的默认值
        Next = null;
    }
    public Node(T n)
    {
        Data = n;
```

```
                Next = null;
        }
}


public class Nodes < T >
{
        //计数器
        public int Count { get; set; }
        public Node < T > Head { get; set; }
        public Nodes()
        {
                Head = null;
                Count = 0;
        }


        //将新节点加入头部
        public void AddNode(T n)
        {
                Node < T > node = new Node < T >(n);
                node. Next = Head;
                Head = node;
                Count ++ ;                      //新节点加入后,计数器加 1
        }


        public bool Remove(T data)
        {
                Node < T > first = Head;
                if (first. Data. Equals(data))     //要移除的对象在头部
                {
                        Head = first. Next;
                        Count -- ;
                        return true;
                }
                while (first. Next ! = null)        //对不在头部的对象逐一进行筛选
                {
                        if (first. Next. Data. Equals(data))
                        {
                                //找到后,将上一个元素的 Next 节点连接上当前节点的 Next 节点
                                first. Next = first. Next. Next;
                                Count -- ;
                                return true;
                        }
                }
                return false;
```

```
        }
        public IEnumerator<T> GetEnumerator()   //实现该接口使得 Nodes 能用 foreach 进行遍历
        {
            Node<T> first = Head;
            while (first != null)
            {
                yield return first.Data;
                first = first.Next;
            }
        }
    }
```

例 9-3 的运行结果如图 9-3 所示。

图 9-3　例 9-3 的运行结果

例 9-3 实现了一个泛型线性链表，其中，定义了泛型类 Node，Node 中的数据类型在定义时并没有明确指定，Nodes 类中的数据类型使用了泛型，并且 Nodes 还调用了 Node 类对象，这两个类的数据类型参数在声明时必须保持一致。从调用结果可以发现，使用泛型后，Node 和 Nodes 类可以兼容多种数据类型，并且在使用过程中不需要进行强制数据类型转换。

习　题　9

一、选择题

1. 以下描述正确的是（　　）

A. 不同泛型方法的类型参数名称必须不同

B. 类型参数表中只能将类型参数声明一次，但可以在方法的参数表中多次出现

C. 所有泛型方法声明都将类型参数表放在方法名称的前面

D. 类型参数最多只能有一个接口约束，但可以有多个类约束

2. 创建一个只能存放 String 的泛型 ArrayList 的语句是（　　）。

A. ArrayList<int> al＝new ArrayList<int>();

B. ArrayList<String> al＝new ArrayList<String>();

C. ArrayList al＝new ArrayList<String>();

D. ArrayList<String> al＝new List<String>();

二、简答题

1. 简述泛型的作用。

2. 编写代码,使用泛型列表存储指定数量的整型数据,并计算这些数据的总和。

3. 设计一个泛型 Apple 类,该类有一个属性 weight;在测试中实例化不同的泛型对象,要求对象 Apple1 的属性是 string 类型,对象 Apple2 的属性是 int 型,Apple3 的属性是 double型。分别为 Apple1、Apple2、Apple3 的重量属性赋值为"500 克""500""500.0",通过对象调用访问器得到属性值并输出。

第 10 章 委托与事件

委托(Delegate)是一种引用方法的类型。若将一个或多个方法分配给委托对象,则该对象就具有与分配的方法完全相同的行为。事件(Event)是一种特殊类型的委托,在基于 Windows 平台的程序设计中,事件是一个很重要的概念。因为几乎所有的 Windows 应用程序中都会涉及大量的异步调用,比如响应按钮点击、处理 Windows 系统消息等,这些异步调用都需要通过事件的方式来完成。所谓事件就是由某个对象发出的消息,这个消息标志着某个特定的行为发生了,或者某个特定的条件成立了。比如用户单击了鼠标、按下了某个按钮等。

本章将介绍委托和事件的基本知识。

10.1 委　　托

委托是什么呢? 顾名思义,就是中间代理人的意思。假如你是一个程序员,现在正在编写一个 ASP. NET 网页,但由于不熟悉 JavaScript,于是你便委托一位同事来帮助你完成 JavaScript 部分的设计。这就是委托,也就是把你不能做的事情交给其他人去做。但是如何才能知道委托哪个人去做呢? 当然是要知道受委托人的名字! 为了区别不同的人,需要描述其特征。

在 C♯中,委托的作用是这样定义的:委托是 C♯中的一种类型,类似于 C 或 C++中的函数指针,它可以将方法引用封装在委托对象内。你可以将该委托对象传递给可调用所引用方法的代码,而不必在编译时就知道将调用哪个方法。这其实和委托同事完成一段代码一样。如果有两位同事都来做这个任务,他们做的过程可能不一样,实现的效果也可能有差异,但是,只要他们得到的结果能够满足你的需求(就像一个接口)就可以了。

委托的这种形式与 C 或 C++中的函数指针类似,不同的是,委托是面向对象、类型安全的。

10.1.1　定义和使用委托

使用委托前必须先对其进行定义。委托类型的定义和方法的定义非常相似,只是不带方法体,语法形式如下:

访问权限修饰符 delegate 返回值类型 委托名称(参数列表);

其中,返回值类型和参数列表组成委托的签名,委托对象只能引用与其签名匹配的方法。例如:

public delegage void DelegateFun(int x, int y);

定义了一个名为"DelegateFun"的委托类型,该委托可以引用任意具有两个 int 型参数且无返回值的方法。

委托对象的创建和一般对象的创建相似,形式如下:

委托类型 委托对象名；

或

委托类型 委托对象名 = new 委托类型（方法名）；

如果委托类型 DelegateFun 需要引用方法 fun1，则其调用形式如下：

DelegateFun fun;

fun = new DelegateFun(fun1);

或

DeleageFun fun = new DelegateFun(fun1);

创建委托对象后，就可以直接使用该委托对象了，对该对象的调用同调用该对象所引用的方法本身完全一致。下面的例子将演示如何定义和使用委托。

【例 10-1】 定义和使用委托。

```
//10-1.cs
//定义和使用委托
delegate void DelegateFun(int x, int y);
public static void Main(string[] args)
{
    //声明委托变量
    DelegateFun fun;
    int x = 4, y = 2;
    //把方法 fun1 作为变量传递给委托对象 fun
    fun = new DelegateFun(fun1);
    //委托调用
    Console.WriteLine("委托指向加法运算函数 fun1");
    fun(x, y);
    //把方法 fun2 作为变量传递给委托对象 fun
    fun = new DelegateFun(fun2);
    Console.WriteLine("委托指向减法运算函数 fun2");
    fun(x, y);
    //把方法 fun3 作为变量传递给委托对象 fun
    fun = new DelegateFun(fun3);
    Console.WriteLine("委托指向乘法运算函数 fun3");
    fun(x, y);
    Console.Read ();
}

public static void fun1(int x, int y)
{
    Console.WriteLine("x + y = {0}", x + y);
}

public static void fun2(int x, int y)
{
    Console.WriteLine("x - y = {0}", x - y);
```

```
    }

    public static void fun3(int x, int y)
    {
        Console.WriteLine("x * y = {0}", x * y);
    }
```

例 10-1 的运行结果如图 10-1 所示。

图 10-1　例 10-1 的运行结果

从例 10-1 可以看到,代码中出现了 3 次 fun(x,y)的调用,得到了 3 个完全不相同的结果,完成了对两个数值的加法、减法和乘法运算。实际上,这 3 次调用是通过委托对象在调用前分别引用 fun1、fun2 和 fun3 这 3 个函数实现的。

在例 10-1 中,委托对象引用的 3 个方法都是静态方法,它也可以引用实例方法。用委托对象引用实例方法时,同样需要所引用方法与委托签名匹配。下面对例 10-1 进行适当修改。

【例 10-2】　引用实例方法。

```
//10-2.cs
//引用实例方法
delegate void DelegateFun(int x, int y);
class MethodClass
{
    public void fun1(int x, int y)
    {
        Console.WriteLine("x + y = {0}", x + y);
    }
    public void fun2(int x, int y)
    {
        Console.WriteLine("x - y = {0}", x - y);
    }
    public void fun3(int x, int y)
    {
        Console.WriteLine("x * y = {0}", x * y);
    }
}
public static void Main(string[] args)
{
    //声明委托变量
```

```
        DelegateFun fun;
        int x = 4, y = 2;
        MethodClass mc = new MethodClass();
        //把实例方法 fun1 作为变量传递给委托对象 fun
        fun = new DelegateFun(mc.fun1);
        //委托调用
        fun(x, y);
        //把实例方法 fun2 作为变量传递给委托对象 fun
        fun = new DelegateFun(mc.fun2);
        fun(x, y);
        //把实例方法 fun3 作为变量传递给委托对象 fun
        fun = new DelegateFun(mc.fun3);
        fun(x, y);
        Console.Read ();
}
```

例 10-2 的运行结果与例 10-1 完全相同，如图 10-2 所示。

图 10-2　例 10-2 的运行结果

10.1.2　多方法委托

虽然前面例子中的委托对象与 3 个方法关联，但每次都重建了委托实例，故而每次只指向其中的某一个方法。实际上，一个委托对象可以同时引用多个方法。如果需要给某个委托对象同时分配多个方法，只需要使用加法运算符"＋"；如果需要从某个委托对象中移除某个它已经引用的方法，只需要使用减法运算符"－"。

修改例 10-1 中的 Main 函数部分，具体如下。

【例 10-3】　多方法委托。

```
public static void Main(string[] args)
{
    //声明委托变量
    DelegateFun fun;
    int x = 4, y = 2;
    //把方法 fun2 作为变量传递给委托对象 fun
    fun = new DelegateFun(fun2);
    //把方法 fun1 作为变量添加给委托对象 fun
    fun = fun + new DelegateFun(fun1);
    //把方法 fun3 作为变量添加给委托对象 fun
    fun += new DelegateFun(fun3);
```

```
        Console.WriteLine("调用委托结果：");
        fun(x, y);
        //从委托对象中移除方法 fun2
        fun -= fun2;
        Console.WriteLine("\n 从委托中排除 fun2 函数后的调用结果：");
        fun(x, y);
        Console.Read ();
    }
```

修改后的代码的运行结果，即例 10-3 的运行结果如图 10-3 所示。从代码和运行结果可以看到，修改后的程序对委托对象 fun 一次调用的结果和依次调用 fun2、fun1、fun3 这 3 个函数的结果相同。显然，这种调用效果由函数添加到委托对象中的次序决定，先加入的函数先被调用。委托对象的第二次执行只调用了 fun1、fun3 这 2 个函数，这是因为调用前从委托对象中排除了 fun2 函数的委托。

图 10-3　例 10-3 的运行结果

10.1.3　匿名方法

C♯2.0 引入了匿名方法，所谓的匿名方法是指不单独定义方法，而将方法的执行代码直接封装在委托对象中。如果某个方法只通过委托对象来调用，程序的其他部分不需要调用这个方法，那么，定义匿名方法是最佳选择。

匿名方法是一种实现方法与委托进行关联的便捷途径。当编译器碰到匿名方法的时候，会自动在类里面创建一个命名方法，并将它与委托进行关联。因此，在运行期间，匿名方法的性能与命名方法非常类似，使用匿名方法的作用是提高开发人员的开发效率。

将例 10-1 中的静态 fun1 方法封装到 DelegateFun 对象 fun 中的代码如下：

```
DelegateFun fun = delegate(int x, int y)
{
    Console.WriteLine("x + y = {0}", x + y);
}
```

该语句等号的右边是一个匿名方法表达式，它不使用 new 关键字来创建委托对象，而是在 delegate 关键字之后直接写出方法的参数列表和执行代码。其中，参数列表必须和委托类型的定义保持一致；如果执行代码中不出现参数变量，则参数列表可以省略；如果委托有返回类型，则在执行代码中用 return 语句来决定返回该类型的返回值。

改写例 10-1 中的代码，具体如下。

【例 10-4】　匿名方法。

```
//10-4.cs
//定义和使用委托
delegate void DelegateFun(int x, int y);
public static void Main(string[] args)
{
    int a = 4, b = 2;
    DelegateFun fun;
    //封装匿名方法到委托对象
    fun = delegate(int x, int y)
    {
        Console.WriteLine("x + y = {0}", x + y);
    };

    fun += delegate(int x, int y)
    {
        Console.WriteLine("x - y = {0}", x - y);
    };
    fun += delegate(int x, int y)
    {
        Console.WriteLine("x * y = {0}", x * y);
    };
    fun(a, b);
    int i = 1;
    //查看委托中的所有方法
    foreach (Delegate d in fun.GetInvocationList())
    {
        Console.WriteLine("第{0}个方法名称为:{1}", i++, d.Method.Name);
    }
    Console.Read();
}
```

例 10-4 的运行结果如图 10-4 所示。

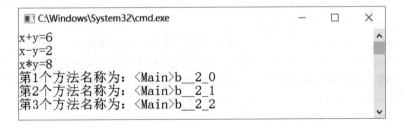

图 10-4 例 10-4 的运行结果

对比例 10-1 可以看到,例 10-4 中添加委托的代码数量少了许多。匿名方法其实也是有名称的,只是这个方法名称由编译器自动分配。添加方法后,我们可以在委托对象上调用 GetInvocationList 方法获取委托对象中添加的每个方法,也可以读取方法相关的各种参数,例 10-4 末尾读取了编译器分配给匿名方法的名称,当然,也可以读取方法的其他参数。

由于匿名方法总是定义在另一个方法的执行代码中,因此匿名方法的参数名和变量名可能和外部代码发生冲突。因此,C#规定:匿名方法的参数名不能和外部变量名相同;如果匿名方法执行体中的局部变量名和外部变量名相同,那么它们代表同一个变量,此时称外部变量被匿名方法所"捕获"。例如,下面的代码是错误的,因为匿名方法的参数名和外部变量名发生了冲突:

```
int x = 0, y = 0;
fun = delegate(int x, int y)      //错误,匿名方法的参数名不能和外部变量名相同
{
    Console.WriteLine("x + y = {0}", x + y);
};
```

下面的代码则输出两次"x+y=8",其中,第一次输出属于参数传递,第二次输出属于捕获外部变量:

```
int a = 5, b = 3;
fun = delegate(int x, int y)      //错误,匿名方法的参数名不能和外部变量名相同
{
    Console.WriteLine("x + y = {0}", x + y);    //匿名方法中可以使用外部变量
    Console.WriteLine("x + y = {0}", a + b);
};
fun(5, 3)
```

通过捕获外部变量,匿名方法能够实现与外部代码的状态共享。简而言之,就是匿名方法可以使用外部代码中定义的变量或参数。下面的程序演示了命名方法和匿名方法处理外部变量的差异。

【例10-5】 命名方法和匿名方法处理外部变量的差异。

```
//10-5.cs
//定义和使用委托
delegate int DelegateFun(int x);
public static void Main(string[]args)
{
    DelegateFun fun;
    int x = 0;
    //封装命名方法到委托对象
    fun = new DelegateFun(Increment);
    Console.WriteLine("第一次调用委托(命名方法)x = {0}", fun(x));
    Console.WriteLine("第一次调用委托(命名方法)后的外部变量 x = {0}", x);
    Console.WriteLine("第二次调用委托(命名方法)x = {0}", fun(x));
    Console.WriteLine("第二次调用委托(命名方法)后的外部变量 x = {0}", x);
    //封装匿名方法到委托对象
    fun = delegate(int val)      //此处参数名不能与外部变量名重复
    {
        return ++x;              //匿名方法内可以使用外部变量
    };
    Console.WriteLine("第一次调用委托(匿名方法)x = {0}", fun(x));
    Console.WriteLine("第一次调用委托(匿名方法)后的外部变量 x = {0}", x);
```

```
        Console.WriteLine("第二次调用委托(匿名方法)x = {0}", fun(x));
        Console.WriteLine("第二次调用委托(匿名方法)后的外部变量 x = {0}", x);
        Console.Read();
}
public static int Increment(int x)        //命名方法的参数名不会与调用部分的参数发生冲突
{
        return ++x;
}
```

例 10-5 的运行结果如图 10-5 所示。

图 10-5　例 10-5 的运行结果

当委托对象封装命名方法 Increment 时,变量 x 只是作为形参传递,调用结束后并不改变 x 的值,因此,命名方法调用结束后,变量 x 的值不发生变化;而当委托对象封装匿名方法时,变量 x 被匿名方法捕获,匿名方法能修改 x 的值,因而,每次调用结束后,x 的值都会发生变化。

10.1.4　泛型委托

C♯2.0 之后,为了提高代码的适用性,我们可以在程序中使用泛型,那么,泛型能不能用在委托中呢? 答案是肯定的。

泛型委托是委托的一种特殊形式,在使用的时候跟单纯的委托类似,不过它更具类型通用性。泛型委托既融合了泛型和委托的抽象能力,又不失静态类型的安全性。泛型委托的定义形式如下:

访问权限修饰符 delegate 返回值类型 委托名称<T>(参数列表);

其中,参数列表类型可以根据泛型的定义进行设置。例如:

public delegage void DelegateFun<T>(T x, T y);

就定义了一个名为"DelegateFun"的泛型委托类型,该类型用于引用具有两个 T 类型的参数且无返回值的方法。例如:

DeleageFun<int> fun = new DelegateFun<int>(fun1);

【例 10-6】　泛型委托。

```
//10-6.cs
//定义泛型委托
delegate void DelegateFun<T>(T x, T y);
class MethodClass
{
```

```
public void fun1(string x, string y)
{
    Console.WriteLine("x + y = {0}", x + y);
}
public void fun2(int x, int y)
{
    Console.WriteLine("x - y = {0}", x - y);
}
public void fun3(int x, int y)
{
    Console.WriteLine("x * y = {0}", x * y);
}
}
public static void Main(string[] args)
{
    MethodClass mc = new MethodClass();
    //把方法 fun1 作为变量传递给委托对象 fun
    DelegateFun < string > fun = new DelegateFun < string >(mc.fun1);
    //委托调用
    fun("Hello ", "World!");
    //把方法 fun2 作为变量传递给委托对象 Fun
    DelegateFun < int > Fun = new DelegateFun < int >(mc.fun2);
    Fun(5, 3);
    //把方法 fun3 作为变量传递给委托对象 Fun
    Fun = new DelegateFun < int >(mc.fun3);
    Fun(5, 3);
    Console.Read ();
}
```

例 10-6 的运行结果如图 10-6 所示。

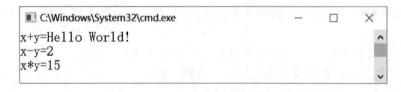

图 10-6　例 10-6 的运行结果

从例 10-6 看到,泛型委托对象实例化时的类型参数 T 根据所要引用的函数的不同,必须构建不同类型参数的对象。

10.2　事　　件

事件是一种特殊类型的委托,是类在发生其关注的事情时用来提供通知的一种方式。事件的发生一般涉及事件发布者(Publisher)和事件订阅者(Subscriber)两个角色。在掌握事件之前必须先了解这两个概念。

事件发布者：一个事件的发布者，其实就是一个对象，这个对象会自行维护本身的状态信息，当本身状态信息变动时，便触发一个事件，并通知所有的事件订阅者。

事件订阅者：对事件感兴趣的对象，可以注册感兴趣的事件，在事件发布者触发一个事件后，会自动执行这段代码。

比如按钮的鼠标单击事件，在按钮被点击的时候，程序中的其他对象可以得到一个通知，并执行相应的动作。在实际的处理中，事件发布者触发一个事件后，它并不知道哪个对象或方法将会接收并处理它触发的事件。事件发布者和事件订阅者之间存在一个媒介，这个媒介在.NET框架中就是委托。

事件处理方法不必在将要生成事件的类中定义。这种机制使得事件具有了灵活性和普遍性。

10.2.1　委托的发布和订阅

委托不仅能封装方法，还能合并或删除其他委托对象，因而我们能够通过委托来实现"发布者/订阅者"的设计模式。在讨论事件之前，我们先分析委托的发布和订阅，其具体实现步骤如下：

（1）定义委托类型，并在发布者类中定义一个该类型的共有成员；

（2）在订阅者类中定义委托处理方法；

（3）订阅者对象将其处理方法合并到发布者对象的委托成员上；

（4）发布者对象在特定的情况下激发委托操作，从而自动调用订阅者对象的委托处理方法。

以交通红绿灯为例，车辆必须对交通灯的颜色变化作出响应（红灯停，绿灯行）。先定义一个委托类型LightEvent，其参数color表示交通灯颜色（bool类型，红灯为true，绿灯为false）：

```
public delegate void LightEvent(bool color);
```

红绿灯的颜色变化会改变车辆的行驶状态，因此红绿灯是委托的发布者，车辆是订阅者。定义交通灯类TrafficLight，将前面定义的委托类型进行发布，并将其成员方法ChangeColor定义为触发方法。

车辆是信号灯的订阅者。定义车辆类Car，并在其中对委托进行订阅。先编写方法LightColorChange实现LightEvent委托，再将方法加载到信号灯对象发布的委托中，实现订阅。

当TrafficLight对象使用其ChangeColor方法改变交通灯颜色时，就会自动调用相关Car对象的LightColorChange方法。

一个发布者可以对应多个订阅者对象，这些对象还可以属于不同的类，采用不同的委托处理方法。比如救护车这种特殊类型的车辆，它在一般情况下采用与Car相同的响应方式，但若发生紧急情况（Emergent属性为true），红灯时也可通行。构建一个继承自Car类的Ambulance类，重写基类的LightColorChange方法，以便对信号灯采用不同的处理方式。

【例10-7】　委托的发布和订阅。

```
//10-7.cs
public delegate void LightEvent(bool color);
public static void Main(string[] args)
{
```

```
        TrafficLight light = new TrafficLight();
        Car car1 = new Car("汽车 1");
        Car car2 = new Car("汽车 2");
        Ambulance amb = new Ambulance("救护车");
        car1.Enter(light);
        car2.Enter(light);
        amb.Enter(light);
        amb.Emergent = true;
        //改变信号灯
        light.ChangeColor();
        light.ChangeColor();
        //移除 car1 的订阅
        car1.Leave(light);
        //改变救护车紧急状态,其对红绿灯信号的处理方式与 car 相同
        Console.WriteLine("\n 改变救护车紧急状态为非紧急,再次变换红绿灯信号");
        amb.Emergent = false;

        light.ChangeColor();
        light.ChangeColor();

        Console.Read();
    }
    public class TrafficLight
    {
        public bool Color { get; set; }
        //发布委托
        public LightEvent OnColorChange;
        //触发委托的方法
        public void ChangeColor()
        {
            Color = ! Color;
            Console.WriteLine(Color ? "红灯" : "绿灯");
            //判断委托是否注册,若已注册,则调用委托
            if (OnColorChange ! = null)
                OnColorChange(Color);
        }
    }
    public class Car
    {
        //车辆行驶状态,行驶为 true,停止为 false
        private bool isRun = true;
        public string Name;

        public Car(string name)
```

```
    {
        Name = name;
    }
    //委托处理方法
    public virtual void LightColorChange(bool color)
    {
        //红灯亮,并且正在行驶
        if (isRun && color)
        {
            isRun = false;
            Console.WriteLine("\t{0}停车", Name);
        }//绿灯亮,并且已经停止
        else if (!isRun && !color)
        {
            isRun = true;
            Console.WriteLine("\t {0}启动", Name);
        }
    }


    //订阅者对发布的委托进行订阅,将委托处理方法注册到委托中
    public void Enter(TrafficLight light)
    {
        light.OnColorChange += LightColorChange;
    }
    //在不需要的情况下,订阅者可以通过委托删除来取消订阅
    public void Leave(TrafficLight light)
    {
        light.OnColorChange -= LightColorChange;
    }
}
//救护车类继承自 Car
public class Ambulance : Car
{
    //紧急事件
    public bool Emergent { get; set; }
    //引用基类构造函数
    public Ambulance(string name): base(name){}
    //重写委托处理的虚方法
    public override void LightColorChange(bool color)
    {
        if (Emergent)
            Console.WriteLine("\t {0}紧急状态为{1},救人要紧{2}。", base.Name, Emergent,
            color?"红灯也得走":"绿灯必须走");
        else
```

```
        base.LightColorChange(color);//非紧急状况下使用基类处理方法
    }
}
```

例 10-7 的运行结果如图 10-7 所示。

```
C:\Windows\System32\cmd.exe                    —  □  ×

信号灯变红
        汽车1停止
        汽车2停止
        救护车紧急状态为True，救人要紧，红灯也得走。
信号灯变绿
        汽车1启动
        汽车2启动
        救护车紧急状态为True，救人要紧，绿灯必须走。

改变救护车紧急状态为非紧急，取消car1的订阅，再次变换信号灯
信号灯变红
        汽车2停止
        救护车停止
信号灯变绿
        汽车2启动
        救护车启动
```

图 10-7 例 10-7 的运行结果

从例 10-7 可以看到，car1、car2、amb 这 3 个车辆对象都订阅了信号灯改变的委托，一旦灯光变化，3 个车辆对象都会对变换作出响应。car1、car2 这 2 个对象是同一个类的不同实例，因而对信号灯变化的响应方式相同。amb 对象是 Ambulance 类的实例，这个类是 Car 类的派生类，重写了基类的虚方法 LightColorChange，用不同于基类的方式响应信号灯的变化。

10.2.2 事件的发布和订阅

委托通过发布和订阅，使不同的对象对特定的情况作出反应。但这种机制存在一个问题，即外部对象可以覆盖已经发布的委托，这就会影响到其他对象对委托的订阅。比如，一个新车辆类 Truck(卡车)也可以订阅 TrafficLight 的 OnColorChange 委托，但它在订阅事件中不使用"＋"(或"＋＝")操作符，而是直接使用赋值操作符"＝"：

```
light.OnColorChange = LightColorChange;
```

某些 Car 对象完成订阅后，当 Truck 对象再进行订阅时，Car 对象所有的订阅都会被 Truck 对象的订阅所覆盖，TrafficLight 对象的 OnColorChange 委托将只调用最后一个 Truck 对象的 LightColorChange 方法。当交通灯颜色发生变化时，其他对象将不会作出响应。为了解决这个问题，C♯ 提供了专门的事件发布方式，其做法是在发布者类发布委托定义时使用 event 关键字，将委托发布强制成事件发布：

```
public event LightEvent OnColorChange;          //发布事件
```

经过这一修改后，其他类型再使用 OnColorChange 委托时，必须使用复合赋值操作符"＋＝"或"－＝"，而下面这样的赋值代码将不能通过编译：

```
light.OnColorChange = LightColorChange;         //编译错误
light.OnColorChange = null;                      //编译错误
```

也就是说,事件是一种特殊的委托类型,发布者在发布一个事件之后,订阅者只能对它进行自身的订阅或取消,而不能干涉其他的订阅者。事件属于类的成员,必须放在类的内部。事件的本质就是一段代码,能被对象特定操作触发执行。一个事件必须被订阅后才能生效,订阅的含义就是指定事件被触发后执行的代码,这些代码称为事件处理程序。事件在日常操作中随处可见,如应用程序的加载、鼠标的点击、鼠标的移动等。

10.2.3　使用 EventHandler 类

在事件发布和订阅的过程中,定义事件的原型委托类型是一件重复性的事情。因此,.NET类库中定义了一个 EventHandler 委托类型,该类型适合作为事件的原型,该委托的原型为

```
public delegate void EventHandler(object sender, EventArgs e);
```
其中,第一个参数 sender 是 object 类型的,表示引发事件的对象;第二个参数从 EventArgs 类型派生,用于保存事件数据。由于事件只能由类型本身触发,因此,在触发时传递给第一个参数的值通常应为 this。如果事件不生成事件数据,则第二个参数只是 EventArgs 的一个实例;否则,第二个参数为从 EventArgs 派生的自定义类型,提供保存事件数据所需的全部字段或属性。修改例 10-7 中发布者类部分的代码:

```
public event EventHandler OnColorChange;

public void ChangeColor()
{
    Color = ! Color;
    Console.WriteLine(Color ? 红灯亮","绿灯亮");
    if (OnColorChange ! = null)
        OnColorChange(this, null);//事件没有附加信息时,第二个参数置为空
}
```
事件的订阅者可以通过 sender 参数来判断是哪个对象触发了事件,但是在访问对象时要进行拆箱转换。例如,Car 类对 TrafficLight.OnColorChange 事件的处理方法可以修改为

```
public virtual void LightColorChange(bool color)
{
    Console.WriteLine(((TrafficLight)sender).Color ?"停车","启动");
}
```
EventHandler 委托的第二个参数 e 表示事件中包含的数据。如果发布者还要向订阅者传递额外的事件数据,那么就需要定义 EventArgs 类的派生类。例如,若要描述交通灯变化后持续的时间,可以定义如下的 LightEventArgs 类:

```
public class LightEventArgs : EventArgs
{
    public int Seconds {get;set;}
    public LightEventArgs(int seconds)
    {
        Seconds = seconds;
```

```
    }
}
```

而 TrafficLight 在触发 OnColorChange 事件时，就可以将事件数据作为参数传递给 EventHandler 委托：

```
public event EventHandler OnColorChange;
public void ChangeColor(int seconds)
{
    Color = ! Color;
    Console.WriteLine(Color ?"红灯亮","绿灯亮");
    if(OnColorChange ! = null)
        OnColorChange(this, new LightEventArg(seconds)); //传递事件数据
}
```

由于 EventHandler 原始定义中的参数类型是 EventArgs，因此，订阅者在读取参数内容时同样需要进行拆箱转换，然后才能读取其中的参数值，例如：

```
public virtual void LightColorChange(object sender, EventArgs e)
{
    If(((TrafficLight)sender).Color)
    {
        isRun = false;
        Console.WriteLine("{0}停车,{1}秒后启动", this, ((LightEventArgs)e).Seconds);
    }
    else
    {
        isRun = true;
        Console.WriteLine("{0}启动 ,{1}秒内通过", this, ((LightEventArgs)e).Seconds);
    }
}
```

下面展示完整的实现过程。

【例 10-8】 使用 EventHandler 类。

```
//10-8.cs
public static void Main(string[] args)
{
    //实例化发布者
    TrafficLight light = new TrafficLight();
    //实例化订阅者
    Car car = new Car("汽车");
    //订阅者向发布者注册事件
    car.Enter(light);
    Ambulance amb = new Ambulance("救护车");
    amb.Enter(light);

    //触发事件
```

```
        light.ChangeColor(30);
        light.ChangeColor(60);
        Console.WriteLine("\n 改变救护车状态为紧急,再次变换信号灯");
        amb.Emergent = true;
        light.ChangeColor(30);
        light.ChangeColor(60);

        Console.ReadLine();
    }


public class LightEventArgs : EventArgs
{
        public int Seconds{get; set;}
        public LightEventArgs(int seconds) { Seconds = seconds; }
}
//发布者(信号灯)
public class TrafficLight
{
        //红灯 true,绿灯 false
        public bool Color{get;set;}

        //发布事件
        public event EventHandler OnColorChange;

        //触发事件方法
        public void ChangeColor(int seconds)
        {
            Color = ! Color;
            Console.WriteLine(Color ? "红灯亮" : "绿灯亮");
            //判断事件是否注册
            if (OnColorChange ! = null)
                OnColorChange(this, new LightEventArgs(seconds));
        }
}
//订阅者(汽车)
public class Car
{
        public string Name;
        //车辆行驶状态
        private bool isRun = true;
        public Car(string name) { Name = name; }
        //委托处理方法
```

```csharp
        public virtual void LightColorChange(object sender, EventArgs e)
        {
                //红灯亮,并且正在行驶
                if (isRun && ((TrafficLight)sender).Color)
                {
                        isRun = false;
                        Console.WriteLine("\t{0}停车,{1}秒后启动", Name, ((LightEventArgs)e).Seconds);
                }//绿灯亮,并且已经停止
                else if (!isRun && !((TrafficLight)sender).Color)
                {
                        isRun = true;
                        Console.WriteLine("\t{0}启动,{1}秒内通过", Name, ((LightEventArgs)e).Seconds);
                }
        }


        //订阅者对发布的事件进行订阅,将委托处理方法注册到委托中
        public void Enter(TrafficLight light)
        {
                light.OnColorChange += LightColorChange;
        }


        //取消订阅
        public void Leave(TrafficLight light)
        {
                light.OnColorChange -= LightColorChange;
        }
}
//订阅者（救护车）
public class Ambulance : Car
{
        //紧急事件
        public bool Emergent { get; set; }
        public Ambulance(string name) : base(name) { }

        //重写委托处理方法
        public override void LightColorChange(object sender, EventArgs e)
        {
                if (Emergent)
                        Console.WriteLine("\t{0}救人要紧,直接通过", Name); //紧急情况特殊处理
                else
                        base.LightColorChange(sender, e);
        }
}
```

例 10-8 的运行结果如图 10-8 所示。

图 10-8 例 10-8 的运行结果

现在我们已经知道,一个事件实际上就是一个委托,可用 Event 关键字来声明。我们可以把事件声明为 EventHandler 以及其派生的预先定义的事件委托类型,也可以先声明一个 delegate 委托,而后把事件声明为此委托类型。无论是预定义的事件委托类型,还是自定义的委托类型,都可以自行设置参数,而这些参数正是使用事件的意义之一,也就是可以把类的内部数据传递到外部事件中。使用事件的另外一个意义就是,我们可以通过给事件指定不同的处理方法来得到不同的结果,相较固定编码的类方法而言,这种方法具有更高的灵活性。事件参数一般是指与事件发布者对象相关的参数对象(如 EventArgs),事件相关参数必须使用 EventArgs 这个事件参数基类,要么是. NET 框架预定义的 EventArgs 派生类,要么是从 EventArgs 派生的自定义类型,无论是预设的 EventArgs 派生类,还是自定义的派生类,事件参数的实例总是通过其属性来保存和传递数据的。

委托和事件可以提高代码的可扩展性,使代码变得更加灵活。它们不仅可以用于实现回调函数、事件处理程序、异步编程等,还可以实现面向对象编程中的事件驱动模型,是程序设计中常用的编程技巧。

习　题　10

一、选择题

1. 声明一个委托"public delegate int myCallBack(int x);",则用该委托产生的回调方法的原型应该是(　　)。

A. void myCallBack(int x)　　　　　　B. int receive(int num)

C. string receive(int x)　　　　　　D. 不确定的

2. 关于事件的定义正确的是(　　)。

A. private event OnClick();

B. private event OnClick;

C. public delegate void Click();public event Click void OnClick();

D. public delegate void Click();public event Click OnClick;

3. 一个委托在某一时刻(　　)指向多个方法。

A. 可以   B. 不可以

4. 将事件通知给其他对象的对象称为(　　)。

A. 发布者   B. 订阅者   C. 通知者

二、简答题

1. 简述委托和事件的概念，以及二者的区别。

2. 编写程序，要求使用委托分别按照升序和降序两种排序方式对一个数组中的数据进行排序。

3. 编写程序描述如下过程：主人（master）打翻了东西，狗（dog）吓得叫起来，惊哭了孩子（kid）。思路：孩子订阅狗叫，狗订阅打翻东西。

第 11 章　文 件 和 流

变量只是暂时保存数据,当与之相关的对象被回收或程序终止时,这些数据就会丢失。为了不使程序中各种对象的信息随程序的关闭而丢失,必须将这些信息保存在持久性媒质(如硬盘、可移动磁盘、CD、磁带等)上。在 C♯语言中,对包括文件(File)在内的所有设备的 I/O(输入/输出)操作都是以流(Stream)的形式实现的。通过流,程序可以从各种输入设备读取数据,向各种输出设备输出数据。

本章将介绍.NET 类库中提供的有关文件和流操作的类型,以及如何通过流来读写文件。

11.1　文件和流简介

目前,文件系统有很多。在 DOS、WindowsNT、Windows XP、Windows 2000、Windows 7 等操作系统中,有我们非常熟悉的 FAT、FAT32、NTFS 等文件系统,这些文件系统在操作系统内部实现时有不同的方式,然而它们提供给用户的接口是一致的。只要按照正规的方式来编写代码,而且程序不涉及操作系统的具体特性,那么生成的应用程序就可以不经过改动,而在不同的操作系统上移植。因此,在编写文件相关操作代码时,我们不需要考虑具体的实现方式,只需要利用语言环境提供的外部接口。

C♯语言中的流类型主要有两种:一种是字节流;另一种是字符流。字节流类由 Stream 类派生而来。Stream 的派生类包括 BufferedStream、FileStream 和 MemoryStream 类。这些类把数据作为字节序列来进行读写。另外,我们还能见到可以封装字节流的二进制 I/O 类。表示字符流的类主要用来读写字符数据。字符流类包括 StreamReader、StreamWriter、StringReader、StringWriter、TextReader 和 TextWriter 类。

流有 5 种基本操作:打开、读取、写入、改变当前位置和关闭。根据流对象的创建方式,对流的访问可以是同步或异步的。有些流类使用缓冲区来改善性能。

文件和流既有区别又有联系。文件是在各种媒质上永久存储的数据的有序集合。它是一种进行数据读写操作的基本对象。通常情况下,文件按照树状目录进行组织,每个文件都有文件名、文件所在路径、创建时间、访问权限等属性。流是字节序列的抽象概念,如文件、输入/输出设备、内部进程通信管道等。流提供一种向存储器写入字节和从存储器读取字节的方式。除了和磁盘文件直接相关的文件流以外,流还具有很多其他类型,这些不同类型的流可以分布在网络、内存或磁带中。

一个完整的应用程序必定涉及对系统和用户的信息进行存储、读取、修改、传输等操作,这些操作都依赖文件。因此,有效地实现文件操作,是个良好的应用程序所必须具备的内容。

11.2 I/O 枚举

11.2.1 FileAccess 枚举

FileAccess 枚举包含定义文件访问的常量。使用 FileAccess 枚举元素的类有 File、FileInfo 和 FileStream 等。FileAccess 成员列表如表 11-1 所示。

表 11-1　FileAccess 成员列表

成员名称	说明
Read	文件的只读访问
ReadWrite	文件的读/写访问
Write	文件的只写访问

11.2.2 FileAttributes 枚举

FileAttributes 枚举包含提供文件和目录属性的成员。成员值可以按位组合在一起。例如，为了表明一个文件是一个只读的系统文件，我们可以这样表达：

FileAttributes.ReadOnly | FileAttributes.System

FileAttributes 成员列表如表 11-2 所示。

表 11-2　FileAttributes 成员列表

成员名称	说明
Archive	文件的存档状态。应用程序使用此属性为文件加上备份或移除标记
Compressed	文件已压缩
Device	保留，暂时不用
Directory	文件为一个目录
Encrypted	该文件或目录是加密的
Hidden	文件是隐藏的，没有包括在普通的目录列表中
Normal	文件正常，没有设置其他的属性。此属性仅在单独使用时有效
NotContentIndexed	操作系统的内容索引服务不会创建此文件的索引
Offline	文件已脱机。文件数据不能使用
ReadOnly	文件是只读的
ReparsePoint	文件包含一个重新分析点，它是一个与文件或目录关联的用户定义的数据块
SparseFile	文件为稀疏文件。稀疏文件一般是数据为零的大文件
System	文件为系统文件

11.2.3 FileMode 枚举

FileMode 枚举包含定义操作系统应该如何打开一个文件的常量。FileMode 参数在许多文件相关类的构造函数和方法中使用，它们都返回一个 FileStream 对象。FileMode 成员列表如表 11-3 所示。

表 11-3 FileMode 成员列表

成员名称	说明
Append	打开现有文件,在末尾添加或创建新文件。FileMode. Append 只能同 FileAccess. Write 一起使用。任何读尝试都将失败并引发异常
Create	创建新文件。如果文件已存在,则它将被改写。如果文件不存在,则使用 CreateNew;否则使用 Truncate
CreateNew	创建新文件。如果文件已存在,则引发异常
Open	打开现有文件
OpenOrCreate	打开文件(如果文件存在);否则,创建新文件
Truncate	打开现有文件。文件一旦打开,就将被截断为零字节大小

11.3 文件存储管理

对文件进行处理时,通常需要关联驱动器、目录和文件等信息。.NET 类库中定义了相应的类来处理文件相关的信息。

11.3.1 Directory 和 DirectoryInfo 类

Directory 类定义了许多用来创建、移动和遍历目录及子目录的静态方法。方法都有一个路径参数,这个路径可以是相对路径也可以是绝对路径,并且可以指向一个文件或目录。因为 Directory 类的方法是静态的而且可以在任意位置被调用,所以在开始前它们都需要执行安全检查。

Directory 类常用的静态方法如表 11-4 所示。

表 11-4 Directory 类常用的静态方法

方法名	说明
CreateDirectory	创建目录
Delete	删除目录
Move	从当前目录移动到新目录,若源和目标目录位于同一目录下,则为重命名
GetDirectories	获取子目录
GetFiles	获取目录下的文件
Exists	判断目录是否存在
SetCreationTime	设置目录创建时间
SetLastAccessTime	设置目录最后访问时间
SetLastWriteTime	设置目录最后写入时间

下面通过程序实例来介绍 Directory 类的主要属性和方法。

(1) CreateDirectory 方法:根据指定路径创建目录和子目录。默认情况下,新目录将允许所有用户进行完全的读写访问。如果参数 path 无效,则抛出一个异常。该方法的声明如下:

```
public static DirectoryInfo CreateDirectory(string path)
```

下面的代码演示了在程序路径中创建名为 temp 的文件夹，再在其下创建名为 NewDirectory 的目录：

```
Directory.CreateDirectory(@"temp\NewDirectoty");
```

文件路径字符串中经常会出现"\"符号，而这个符号在字符串中表示转意，因而需要写两个"\"对"\"进行转意，上面例子中的路径是相对路径，原始书写形式为"temp\\NewDirectoty"，在字符串的前面加上"@"符号后可以避免重复使用"\"符号。

（2）Delete 方法：删除指定路径的目录。该方法声明如下：

```
public static void Delete (string path)
```

或

```
public static void Delete(string path, bool recursive)
```

下面的代码可以将 temp\ NewDirectoty 路径删除。Delete 方法的前一个版本只能删除指定目录，如果目录不为空将不能删除。Delete 方法的后一个版本中的第二个参数为 bool 类型，它可以决定是否删除非空目录。如果该参数值为 true，则指定目录下的子目录和文件也将被强制删除；如果该参数值为 false，则仅当目录为空时才可删除。

```
Directory.Delete(@"temp\NewDirectory ", true);
```

（3）Move 方法：把一个目录及其包含的内容从源路径移动到目标路径中。移动前会自动判断目标路径是否已经存在，若不存在，则创建并转移源目录；若存在，则抛出异常。该方法声明如下：

```
public static void Move(string sourceDirName, string destDirName)
```

下面的代码表示将文件夹\temp\NewDirectory 移动到相对路径 temp\BackUp：

```
Directory.Move(@"temp\NewDirectory", @"temp\BackUp");
```

因为源路径和目标路径都在同一个文件中，所以该移动操作的效果看起来像是将文件夹 NewDirectory 更名为 BackUp。

（4）GetDirectories 方法：获取指定路径表示的目录下的所有子目录。searchPattern 可以是目录名称的一部分，如"CSharp＊"。SearchOption 类型是一个枚举型，它具有两个选项值：AllDirectories（在当前目录和所有子目录中搜索）和 TopDirectoryOnly（仅在当前目录中搜索）。该方法声明如下：

```
public static string[ ] GetDirectories(string path)
```

或

```
public static string[ ] GetDirectories(string path, string searchPattern)
```

或

```
public static string[ ] GetDirectories (string path, string searchPattern, SearchOption searchPattern)
```

下面的代码表示读出程序相对路径 temp 的目录下的所有子目录，并将其存储到字符串数组中：

```
string [ ] Directorys；
Directorys = Directory. GetDirectories (@"temp");
```

（5）GetFiles 方法：返回包含指定路径的目录中的文件名的一个字符串数组。searchPattern 可以被指定来限制查找条件，如"＊.txt"。该方法声明如下：

```
public static string[ ] GetFiles(string path)
```

或

```
public static string[ ] GetFiles (string path, string searchPattern)
```

或

```
public static string[ ] GetFiles (string path, string searchPattern, SearchOption searchPattern)
```

下面的代码表示读出程序相对路径 temp 的目录下的所有文件,并将其存储到字符串数组中:

```
string [ ] Files;
Files = Directory. GetFiles (@"temp");
```

(6) Exists 方法:判断指定路径表示的目录是否存在,若存在,则返回 true;否则返回 false。该方法声明如下:

```
public static bool Exists(string path)
```

下面的代码表示判断是否存在 temp1 目录。若不存在,则创建该目录。

```
if(!Directory..Exists(@"temp1")) //判断目录是否存在
{
        Directory.CreateDirectory(@"temp1");
}
```

(7) SetCreationTime 方法:设置目录的创建时间,把指定路径上目录的创建时间改为指定的日期 creationTime。该方法声明如下:

```
public static void SetCreationTime(string path, DateTime creationTime)
```

其中,path 参数为目录路径;creationTime 参数为需要改成的路径创建时间。

下面的代码能将 c:\temp 目录的创建时间修改为 2022 年 10 月 1 日:

```
Directory. SetCreationTime(@"temp", Convert.ToDateTime("2022-10-1"));
```

(8) SetLastAccessTime 方法:设置目录的最后访问时间,把指定目录最后被访问的时间改为指定时间 lastAccessTime。该方法声明如下:

```
public static void SetLastAccessTime (string path, DateTime lastAccessTime)
```

下面的代码能将 temp 目录的最后访问时间修改为 2022 年 10 月 2 日:

```
Directory. SetCreationTime(@" temp ", Convert.ToDateTime("2022-10-2"));
```

(9) SetLastWriteTime 方法:设置目录被写入的最后时间,把指定目录最后被写入的时间更改为指定时间 lastWriteTime。该方法声明如下:

```
public static void SetLastWriteTime (string path, DateTime lastWriteTime)
```

下面的代码能将 temp 目录的最后写入时间修改为 2022 年 10 月 3 日:

```
Directory. SetCreationTime(@"temp ", Convert.ToDateTime("2022-10-3"));
```

DirectoryInfo 类和 Directory 类类似,也可用于提供目录管理功能。使用 DirectoryInfo 类可以创建、删除、复制、移动和重命名目录,也可以获取和设置与目录的创建、访问及写入等操作相关的信息。

需要注意的是,Directory 类是静态的,也就是说,它不可以被实例化,但是我们可以直接运用由该类定义的各种方法,或者通过继承产生并实例化其派生类。使用时,Directory 类不需要实例化,其方法的效率比相应的 DirectoryInfo 类的实例方法的效率更高,但 Directory 类的静态方法要对所有方法执行安全检查,如果打算多次重用某个目录对象,应考虑改用 DirectoryInfo 类的实例方法。下面分别对 DirectoryInfo 类的方法和属性进行介绍。

DirectoryInfo 类的常用方法如表 11-5 所示。

表 11-5　DirectoryInfo 类的常用方法

方法名	说明
Create	创建目录
Delete	删除目录
MoveTo	从当前目录移动到新目录,若源和目标目录位于同一目录下,则为重命名
GetDirectories	获取子目录
GetFiles	获取目录下的文件

首先创建一个 DirectoryInfo 实例,并将文件路径指向 temp\NewDirectory：

```
DirectoryInfo di = new DirectoryInfo(@"c:\temp\NewDirectory");
```

（1）Create 方法：根据与调用 DirectoryInfo 对象相关的路径来创建一个新目录。该方法声明如下：

```
public void Create()
```

下面的代码表示在 temp 文件夹下创建名为“NewDirectory”的目录：

```
di.Create();
```

（2）Delete 方法：删除调用 DirectoryInfo 对象所代表的目录。如果目录是空的,则该方法的第一个版本只能删除目录。如果目录非空,则它将不会被删除,同时会抛出异常 IOException。如果是第二个版本,且将 recursive 设置为 true,则指定目录中的子目录和文件也将被删除。该方法声明如下：

```
public override void Delete()
```

或

```
public void Delete (bool recursive)
```

下面的代码表示删除 temp 文件夹下的 NewDirectory 目录及其子目录：

```
di.Delete(true);
```

（3）MoveTo 方法：把一个 DirectoryInfo 对象及其内容移到一个新的路径。如果目标路径已经存在或无效,则抛出异常。该方法声明如下：

```
public void MoveTo (string destDirName)
```

下面的代码将把当前目录移动到 temp\BackUp。移动前,函数会先判断目标路径是否已经存在,若不存在,则创建并转移到目标路径;若存在,则抛出异常。

```
di.MoveTo(@"temp\BackUp");
```

（4）GetDirectories 方法：返回一个 DirectoryInfo 类型的对象数组,数组中的对象代表与调用 DirectoryInfo 相关的目录的子目录。参数 searchPattern 可以被指定来限制查找范围。例如,用“C＊”表示查找模式,则只有以字母“C”打头的目录被查找出来。该方法声明如下：

```
public DirectoryInfo[ ] GetDirectories ()                        //当前目录
```

或

```
public DirectoryInfo[ ] GetDirectories (string searchPattern) //指定目录
```

或

```
public DirectoryInfo[ ] GetDirectories(string searchPattern, SearchOption searchOption ) //指定
目录,并指定搜索选项 SearchOption
```

下面的代码表示读出 c:\temp 目录下的所有子目录,并将其存储到 DirectoryInfo 型数

组中：

```
DirectoryInfo[ ] dis = di.GetDirectories(@"temp");
```

（5）GetFiles 方法：返回一个 FileInfo 类型的数组，该数组包含指定目录中的文件信息。searchPattern 参数可以被指定来限制查找。例如，若将查找模式字符串设置为"＊.txt"，则只能对路径下的文本文件进行查找。该方法声明如下：

```
public FileInfo[ ] GetFiles ()                 //当前目录
```

或

```
public FileInfo[ ] GetFiles(string path)       //指定目录
```

或

```
public FileInfo[ ] GetFiles (string searchPattern, SearchOption searchOption ) //指定目录,并指
```

定搜索选项 SearchOption

下面的代码表示读出当前目录下的所有文件，并将其存储到 FileInfo 型数组中：

```
FileInfo[ ] fis = di.GetFiles();
```

DirectoryInfo 类没有提供修改目录属性的方法，我们可以通过 DirectoryInfo 类的实例的属性来对其进行修改。DirectoryInfo 类中提供的常用的目录属性如表 11-6 所示。

表 11-6　DirectoryInfo 类中提供的常用的目录属性

属性名	说明
Exists	目录是否存在,bool 类型,只读
Attributes	文件系统属性,FileAttributes 类型,读写
FullName	当前目录完整路径,string 类型,只读
CreationTime	目录的创建时间,DateTime 类型,读写
LastAccessTime	目录的最后访问时间,DateTime 类型,读写
LastWriteTime	目录的最后写入时间,DateTime 类型,读写
Parent	父目录,DirectoryInfo 类型,只读
Root	目录所在根目录,DirectoryInfo 类型,只读

下面将通过代码完整地演示 Directory 和 DirectoryInfo 类的属性和方法。

【例 11-1】　Directory 和 DirectoryInfo 类。

```
//11-1.cs
public static void UseDirectory()
{
    Console.WriteLine("Directory 静态方法");
    if (!Directory.Exists(@"temp"))
        Directory.CreateDirectory(@"temp");
    else
        Directory.Move(@"temp", @"backup");

    //获取子目录
    string[ ] Paths = Directory.GetDirectories(@"temp");
    //获取目录中文件
    string[ ] Files = Directory.GetFiles(@"temp");
```

```
        //获取指定目录的父目录
        Console.WriteLine("父目录:{0}", Directory.GetParent(@"temp"));
        //获取指定目录的最后写入时间
        Console.WriteLine("目录的最后写入时间为:{0}", Directory.GetLastWriteTime(@"temp"));
        //获取指定目录的最后访问时间
        Console.WriteLine("目录的最后访问时间为:{0}", Directory.GetLastAccessTime(@"temp"));
        Console.WriteLine("目录的根目录:{0}", Directory.GetDirectoryRoot(@"temp"));
        //设置创建时间
        Directory.SetCreationTime(@"temp", DateTime.Now);
        //设置最后访问时间
        Directory.SetLastAccessTime(@"temp", DateTime.Now);
        //设置最后写入时间
        Directory.SetLastWriteTime(@"temp", DateTime.Now);
        //删除目录及其子目录和包含文件
        Directory.Delete(@"temp",true);
}


public static void UseDirectoryInfo()
{
        Console.WriteLine("DirectoryInfo 实例方法和属性");
        DirectoryInfo di = new DirectoryInfo(@"temp");
        //判断文件夹是否存在,若存在,则转移到另外一个目录,若不存在,则创建
        if (!di.Exists)
        {
                di.Create();
        }
        else
        {
                //从当前路径移动到目标路径,先判断目标路径是否已经存在,若不存在,则创建并转移,
                  若存在,则抛出异常
                di.MoveTo(@"backup");
        }


        //获取子文件夹,其返回类型为 DirectoryInfo 型数组
        DirectoryInfo[ ] dis = di.GetDirectories(@"temp", SearchOption.TopDirectoryOnly);
        //获取目录下文件,其返回类型为 FileInfo 型数组
        FileInfo[ ] fis = di.GetFiles();
        //修改目录的文件属性为只读
        di.Attributes = FileAttributes.ReadOnly;
        Console.WriteLine("目录的默认属性为:{0}", di.Attributes);
        //获取目录的完整路径
        Console.WriteLine("目录的完整路径为:{0}", di.FullName);
        //获取目录的创建时间
        Console.WriteLine("目录的创建时间为:{0}", di.CreationTime);
```

```
        //获取目录的最后访问时间
        Console.WriteLine("目录的最后访问时间为:{0}", di.LastAccessTime);
        //获取目录的最后写入时间
        Console.WriteLine("目录的最后写入时间为:{0}", di.LastWriteTime);
        //获取目录的父目录
        Console.WriteLine("目录的父目录:{0}", di.Parent);
        //获取目录所在根目录
        Console.WriteLine("目录所在根目录:{0}", di.Root);
        di.Attributes = FileAttributes.Normal;
        //删除目录及其子目录和包含文件
        di.Delete(true);
}

public static void Main(string[ ] args)
{
        UseDirectory();
        UseDirectoryInfo();
        Console.Read ();
}
```

例 11-1 的运行结果如图 11-1 所示。

图 11-1 例 11-1 的运行结果

在例 11-1 中,我们分别使用 Directory 类和 DirectoryInfo 实例对程序路径下的 temp 目录进行了操作,例如:创建、删除目录;查看目录的父目录、磁盘根目录;读取和设置目录的创建时间、最后访问时间、最后写入时间、目录属性等信息。从中可以看出,Directory 和 DirectoryInfo 类对目录的操作基本类似,因为 Directory 类只提供静态方法,即使是对同一个目录进行的多次操作,每次调用方法的时候都必须提供目录路径,而 DirectoryInfo 类提供的是实例方法,目录路径只需要在构建对象时提供一次,即使调用多个方法也不需要再次去执行耗时的 I/O 操作。所以,执行方法次数的多少决定了使用哪个类会更有效率。

11.3.2 File 和 FileInfo 类

File 类提供了一系列静态方法,这些静态方法可对文件进行复制、移动、重命名、创建、打开、删除和追加到文件等操作。File 类还有用来创建各种 I/O 类型 FileStream、StreamReader 和 StreamWriter 对象的方法,这些 I/O 类型将在后面几节详细介绍。因为 File 类的方法是静态的,而且能在任何时间被调用,所有方法在开始执行前会先执行一次安全检查。

File 类常用的静态方法如表 11-7 所示。

表 11-7　File 类常用的静态方法

方法名	说明
Copy	将源文件复制为目标文件
Create	根据指定的路径创建一个文件,并返回一个可以访问该文件的 FileStream 对象
CreateText	创建或打开一个文件,用于写入 UTF-8 编码的文本
Delete	用于删除指定的文件
GetAttributes	返回一个 FileAttributes 对象,包含位于指定路径的文件的属性信息
Move	把一个文件移动到一个新位置,并允许修改文件名
Open	根据指定模式来访问指定文件,并返回一个 FileStream 对象
OpenRead	以只读方式访问指定文件,并返回一个可以访问该文件的 FileStream 对象
OpenText	从指定路径的一个现有文件中读取文本,并返回一个 StreamReader 对象
OpenWrite	对指定路径的文件进行读写操作,并返回一个 FileStream 对象
ReadAllBytes	打开指定文件,将指定文件的所有内容读取到一个字节数组中
ReadAllLines	打开指定文件,将指定文件的所有内容读取到一个字符串数组中
ReadAllText	打开指定文件,将指定文件的所有内容读取到一个字符串中
Replace	用源文件内容替换目标文件内容,并备份目标文件
SetAttributes	为指定路径的文件分配指定的 FileAttributes 对象
WriteAllBytes	创建一个新文件,在其中写入指定的字节数组,然后关闭该文件。如果目标文件已存在,则改写该文件
WriteAllLines	创建一个新文件,在其中写入指定的字符串数组,然后关闭该文件。如果目标文件已存在,则改写该文件
WriteAllText	创建一个新文件,在其中写入指定的字符串,然后关闭该文件。如果目标文件已存在,则改写该文件

下面介绍 File 类的静态方法。

（1）Copy 方法:将源文件复制为目标文件。复制过程中必须保证文件路径是有效的,如果目标文件已经存在,则必须使用该方法的第二个版本,并指定覆盖参数 overwrite 为 true。该方法声明如下:

```
public static void Copy (string sourceFileName, string destFileName)
```

或

```
public static void Copy (string sourceFileName, string destFileName, bool overwrite)
```

（2）Create 方法:根据指定的路径创建一个文件,并返回一个可以访问该文件的 FileStream 对象。如果该文件已经存在,则将被替换。我们还可以根据不同的构造方法指定想要的 FileStream 缓冲区的大小。如果路径无效或调用者没有适当的文件访问权限,则将有异常被抛出。该方法声明如下:

```
public static FileStream Create(string path)
```

或

```
public static FileStream Create(string path, int bufferSize)
```

或

```
public static FileStream Create(string path, int bufferSize, FileOptions options)
```

或

```
public static FileStream Create(string path, int bufferSize, FileOptions options, FileSecurity fileSecurity)
```

（3）CreateText 方法：创建或打开一个文件，用于写入 UTF-8 编码的文本。该方法声明如下：

```
public static StreamWriter CreateText(string path)
```

（4）Delete 方法：删除指定的文件。即使指定的文件不存在，也不会引发异常。该方法声明如下：

```
public static void Delete(string path)
```

（5）GetAttributes 方法：返回一个 FileAttributes 对象，包含位于指定路径的文件的属性信息。如果路径无效，则将有一个异常被抛出。该方法声明如下：

```
public static FileAttributes GetAttributes(string path)
```

（6）Move 方法：把一个文件移动到一个新位置，并允许修改文件名。如果任一路径无效或目标路径表示文件已经存在，则将有异常被抛出。该方法声明如下：

```
public static void Move (string sourceFileName, string destFileName)
```

（7）Open 方法：根据指定模式来访问指定文件，并返回一个 FileStream 对象。该方法还能够提供文件访问和文件共享约定。默认状态下是读/写访问模式，不共享文件。指定的文件必须已经存在。该方法声明如下：

```
public static FileStream Open (string path, FileMode mode)
```

或

```
public static FileStream Open (string path, FileMode mode, FileAccess access)
```

或

```
public static FileStream Open (string path, FileMode mode, FileAccess access, FileShare share)
```

（8）OpenRead 方法：以只读方式访问指定文件，并返回一个可以访问该文件的 FileStream 对象。如果路径无效或调用者没有适当权限，则将有异常被抛出。该方法声明如下：

```
public static FileStream OpenRead (string path)
```

（9）OpenText 方法：返回一个 StreamReader 对象，该对象能从指定路径的一个现有文件中读取文本。如果路径无效或调用者没有适当的权限，则将有异常被抛出。该方法声明如下：

```
public static StreamReader OpenText (string path)
```

（10）OpenWrite 方法：返回一个 FileStream 对象，该对象能对指定路径的文件进行读写操作。如果路径无效或调用者没有适当权限，则将有异常被抛出。该方法声明如下：

```
public static FileStream OpenWrite (string path)
```

（11）ReadAllBytes 方法：打开指定文件，将指定文件的所有内容读取到一个字节数组中。如果路径无效或调用者没有适当权限，则将有异常被抛出。该方法声明如下：

```
public static byte[ ] ReadAllBytes ( string path)
```

（12）ReadAllLines 方法：打开指定文件，将指定文件的所有内容读取到一个字符串数组中,每一行存储为一个字符串。默认情况下使用 UTF-8 编码格式读取文件,若文件存储时使用了不同的编码方式,则读取时需要指定对应的编码格式。如果路径无效或调用者没有适当权限,则将有异常被抛出。该方法声明如下:

```
public static string[ ] ReadAllLines (string path)
```

或

```
public static string[ ] ReadAllLines (string path, Encoding encoding)
```

(13) ReadAllText 方法:打开指定文件,将指定文件的所有内容读取到一个字符串中。读取时也能指定文本编码格式。如果路径无效或调用者没有适当权限,则将有异常被抛出。该方法声明如下:

```
public static string ReadAllText (string path)
```

或

```
public static string ReadAllText (string path, Encoding encoding)
```

(14) Replace 方法:使用 sourceFileName 参数文件的内容替换 destinationFileName 参数文件的内容,这一过程将删除原始文件,并创建被替换文件的备份为 destinationBackupFileName。若出现合并错误(如属性和访问控制列表),则可使用 ignoreMetadataErrors 参数决定是否忽略合并。如果路径无效或调用者没有适当权限,则将有异常被抛出。该方法声明如下:

```
public static void Replace ( string sourceFileName, string destinationFileName, string
destinationBackupFileName)
```

或

```
public static void Replace ( string sourceFileName, string destinationFileName, string
destinationBackupFileName, bool ignoreMetadataErrors)
```

(15) SetAttributes 方法:为指定路径的文件分配指定的 FileAttributes 对象(如 Hidden、ReadOnly、Normal 和 Archive 等)。如果路径无效或调用者没有适当权限,则将有异常被抛出。该方法声明如下:

```
public static void SetAttributes (string path, FileAttributes fileAttributes)
```

(16) WriteAllBytes 方法:在指定路径创建文件,在其中写入指定的字节数组,然后关闭该文件。如果目标文件已存在,则改写该文件。该方法声明如下:

```
public static void WriteAllBytes (string path, byte[ ] bytes)
```

(17) WriteAllLines 方法:在指定路径创建文件,在其中写入指定的字符串数组,然后关闭该文件。如果目标文件已存在,则改写该文件。若需要设置编码格式,指定 encoding 参数即可。该方法声明如下:

```
public static void WriteAllLines (string path, string[ ] contents)
```

或

```
public static void WriteAllLines (string path, string[ ] contents, Encoding encoding)
```

(18) WriteAllText 方法:在指定路径创建文件,在其中写入指定的字符串,然后关闭该文件。如果目标文件已存在,则改写该文件。该方法同样能够指定写入文件内容的编码格式。该方法声明如下:

```
public static void WriteAllText (string path, string contents)
```

或

```
public static void WriteAllText (string path, string contents, Encoding encoding)
```

FileInfo 类拥有一些公共属性和方法,且这些类的成员都不是静态的。我们需要实例化这些类,并把每个实例与特定的文件关联起来。这样就可以对同一个文件执行多个操作了。

FileInfo 类的公共属性如表 11-8 所示。

表 11-8　FileInfo 类的公共属性

属性名	说明
Attributes	当前文件的 FileAttributes,可读写
Directory	获取当前文件父目录的 DirectoryInfo 对象
Exists	如果该文件存在,则为 true;否则为 false
Extension	获取当前文件扩展名的字符串
IsReadOnly	若当前文件为只读,则为 true;否则为 false
Length	获取当前文件大小

FileInfo 类中的部分属性与 DirectoryInfo 类中属性的名称和作用相同,这里不再加以列举。使用 FileInfo 类前必须先创建一个实例,其构造函数的声明如下:

```
public FileInfo (string fileName)
```

FileInfo 对象必须与一个实际存在的文件相关联。FileInfo 实例常用方法如表 11-9 所示。

表 11-9　FileInfo 实例常用方法

方法名	说明
AppendText	返回一个 StreamWriter 对象,向文件中附加文本
CopyTo	复制文件到新文件中
Create	返回一个 FileStream 对象,该对象能访问一个新创建的文件
CreateText	创建写入新文本文件的 StreamWriter 对象
Delete	删除文件
MoveTo	将指定文件移到新位置,并提供指定新文件名的选项
Open	用各种读/写访问权限和共享特权打开文件
OpenRead	创建只读 FileStream 对象
OpenText	返回一个采用 UTF-8 编码的 StreamReader 对象,该对象可从一个现有文件中读取文本
OpenWrite	创建只写 FileStream
Replace	使用当前 FileInfo 对象所描述的文件替换指定文件的内容,这一过程将删除原始文件,并创建被替换文件的备份

（1）AppendText 方法:返回一个 StreamWriter 对象,向文件中附加文本。该方法的声明如下:

```
public StreamWriter AppendText()
```

（2）CopyTo 方法:把 FileInfo 对象所关联的文件拷贝到一个新文件中。文件不会被改写,除非 overwrite 参数被设置为 true。如果路径无效或调用者没有适当权限,将抛出异常。该方法的声明如下:

```
public FileInfo CopyTo (string destFileName)
```

或

```
public FileInfo CopyTo (string destFileName, bool overwrite)
```

（3）Create 方法：返回一个 FileStream 对象，该对象能访问一个新创建的文件。所有用户都能对新文件进行读/写访问。该方法声明如下：

public FileStream Create ()

（4）CreateText 方法：返回一个 StreamWriter 对象，该对象能向一个新创建的文件中写入文本。所有用户都能对新文件进行读/写操作。如果路径无效、磁盘是只读或调用者没有适当的权限，将抛出异常。该方法声明如下：

public StreamWriter CreateText()

（5）Delete 方法：删除与 FileInfo 对象相关联的文件。如果路径无效或调用者没有适当权限，将抛出异常。该方法声明如下：

public override void Delete()

（6）MoveTo 方法：把与 FileInfo 对象相关联的文件移动到一个新位置，并提供指定新文件名的选项。如果目标路径无效或调用者没有适当权限，将抛出异常。该方法声明如下：

public void MoveTo (string destFileName)

（7）Open 方法：返回一个 FileStream 对象，该对象能根据指定模式来访问 FileInfo 对象所关联的文件。该方法还可以提供文件访问和文件共享的设置。默认情况下只提供读写访问模式，不共享。如果文件没找到或调用者没有适当权限，将抛出异常。该方法的声明如下：

public FileStream Open (FileMode mode)

或

public FileStream Open (FileMode mode, FileAccess access)

或

public FileStream Open (FileMode mode, FileAccess access, FileShare share)

（8）OpenRead 方法：返回一个 FileStream 对象，该对象提供了与 FileInfo 对象关联的文件的只读访问。如果文件路径有误或已经被打开，将抛出异常。该方法的声明如下：

public FileStream OpenRead()

（9）OpenText 方法：返回一个采用 UTF-8 编码的 StreamReader 对象，该对象可从一个现有文件中读取文本。如果文件路径有误或已经被打开，将抛出异常。该方法的声明如下：

public StreamReader OpenText()

（10）OpenWriter 方法：返回一个 FileStream 对象，该对象能对 FileInfo 对象关联的文件进行只写操作。如果文件路径有误或已经被打开，将抛出异常。该方法的声明如下：

public FileStream OpenWrite()

（11）Replace 方法：使用当前 FileInfo 对象所描述的文件替换指定文件的内容，这一过程将删除原始文件，并创建被替换文件的备份。若出现合并错误（如属性和访问控制列表），可使用 ignoreMetadataErrors 参数决定是否忽略。如果路径无效或调用者没有适当权限，将抛出异常。该方法声明如下：

public FileInfo Replace (string destinationFileName, string destinationBackupFileName)

或

public FileInfo Replace (string destinationFileName, string destinationBackupFileName, bool ignoreMetadataErrors)

11.3.3　字节流

字节流属于最基本的 I/O 流，因为它们只用来读写字节。字节本身并没有它们所代表的类型信息。二进制和字符数据流经常封装一个底层的字节流。字节流类的层次结构如图 11-2 所示。

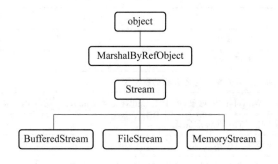

图 11-2　字节流类的层次结构

所有的字节流都继承自 Object 和 MarshalByRefObject 类。若继承自 MarshalByRefObject 类,则说明一个字节流实例可以用作一个远程对象。比如,字节流实例可以在一个分布式应用程序中传送数据。Stream 类是字节流类的抽象基类,它提供了能够读或写一个字节或一个字节缓冲区内容的基本方法。这些 I/O 操作可以以同步或异步的方式完成。

BufferedStream、FileStream 和 MemoryStream 类扩展了 Stream 类,使之增加了一些附加功能。BufferedStream 类用一个缓冲区来封装另一个字节流。数据在被发送到最终目的之前被读取或写入缓冲区。缓冲后的 I/O 可以减少数据传输对操作系统的调用次数。FileStream 类把一个输入或输出流与一个文件建立关联,以便对文件进行读写操作。MemoryStream 类允许从内存中直接进行读写而不需要通过磁盘或远程连接。

字符编码经常和字节流一起使用,这样可使字节和字符间的转换更加容易。

1. Stream 类

Stream 类是所有字节流的抽象基类。它定义了用来读写字节数据的基本方法。它的 I/O 功能包括对同步和异步数据传送的支持。Stream 类定义的一些方法可以在被一个派生类所覆盖时,改变 I/O 流的当前位置和流的长度。因为 Stream 继承了 MarshalByRefObject,所以一个字节流可以用作一个远程对象。Stream 类的定义如下:

```
public abstract class Stream : MarshalByRefObject, IDisposable
```

Stream 类提供的公共属性如表 11-10 所示。

表 11-10　Stream 类提供的公共属性

属性名	说明
CanRead	在派生类中重写时,获取指示当前流是否支持读取的值
CanSeek	在派生类中重写时,获取指示当前流是否支持查找功能的值
CanTimeout	在派生类中重写时,获取一个值,确定当前流是否可以超时
CanWrite	在派生类中重写时,获取指示当前流是否支持写入功能的值
Length	在派生类中重写时,获取用字节表示的流长度
Position	在派生类中重写时,获取或设置当前流中的位置
ReadTimeout	在派生类中重写时,获取或设置一个值,确定流在超时前尝试读取多长时间
WriteTimeout	在派生类中重写时,获取或设置一个值,确定流在超时前尝试写入多长时间

Stream 类提供的公共方法如表 11-11 所示。

表 11-11　Stream 类提供的公共方法

方法名	说明
BeginRead	开始异步读操作
BeginWrite	开始异步写操作
Close	关闭当前流并释放与之关联的所有资源
CreateWaitHandle	创建 WaitHandle 对象,用于在 EndRead 或 EndWrite 方法内阻塞,直到异步的读/写操作完成
EndRead	等待挂起的异步读取完成
EndWrite	结束异步写操作
Flush	清空流的所有缓冲区。所有缓冲数据都被写入底层设备
Read	从流中将字节序列读取到指定字节数组,并以读取的字节数为单位将流中的位置向前推进
ReadByte	从流中读取一个字节,并返回转换为 32 位整数后的值。将流内的位置向前推进一个字节。若达到流的末尾,返回-1
Seek	根据相对于指定源点的指定字节偏移量来设定流的当前位置
SetLength	以字字节为单位设定指定的流长度
Write	把指定字节数组中的数据写入当前流
WriteByte	向输出流中写入指定的字节,并把流的位置向前推进一个字节

Stream 是一个抽象基类,其所定义的属性和方法都需要重写后才能使用。下面我们来讨论继承自 Stream 类的 FileStream、BufferedStream、MemoryStream 等几个派生类。

2. FileStream 类

FileStream 类代表能够访问一个文件的 I/O 流。它允许数据被写入文件或从文件中读取。FileStream 类同时支持同步和异步的文件访问。

FileStream 类继承了 Stream 类的共有属性,下面对这些属性进行说明。

（1）CanRead:只读属性,如果当前流支持读操作,则返回 true;如果流是关闭的或只支持写操作,则返回 false。

（2）CanSeek:只读属性,如果流支持查找,则返回 true;否则返回 false。

（3）CanWrite:只读属性,如果可以对流进行写操作,则返回 true;如果流是关闭的或是只读的,则返回 false。

（4）Length:只读属性,返回以字节为单位的流的长度,这个长度是读/写数据的实际长度,不是缓冲区的大小。

（5）Position:读写属性,读取或设定流的当前位置。

FileStream 类对 Stream 类提供的部分公共方法进行了重写,下面对这些方法进行说明。

（1）Close 方法:关闭调用对象并释放与之相关联的所有资源。其定义方法如下:

```
public override void Close()
```

（2）Flush 方法:清空被对象使用的所有缓冲区。所有的缓冲数据都被写入了底层设备。其定义方法如下:

```
public override void Flush()
```

（3）Read 方法:把当前缓冲的流中的字节拷贝到指定的字节数组。参数 offset 是缓冲区中开始拷贝的位置。参数 count 是将要读取的字节数,它返回实际读入数组的总字节数。如果 array 为一个空引用,或者 offset 或 count 超出了范围,或者流不支持读操作,或者方法在流关闭后被调用,或者出现其他的一些 I/O 错误,将会抛出异常。该方法的声明如下:

```
public override int Read([InAttribute][OutAttribute] byte[ ] array, int offset, int count)
```

(4) ReadByte 方法:从底层流中读取一个字节,并把该字节转换为一个 32 位整数值后返回。如果已经达到了流的末端,则该方法会返回－1。如果流不支持读操作或流在方法被调用前已被关闭,将抛出异常。该方法的声明如下:

```
public override int ReadByte ()
```

(5) Seek 方法:根据相对于指定位置的指定字节偏移量来设定当前流的位置。它所返回的是流的新位置。如果流不支持流查找,或流在方法被调用前已关闭,将抛出异常。该方法的声明如下:

```
public override long Seek(long offset, SeekOrigin origin)
```

(6) SetLength 方法:以字节为单位,把缓冲流的长度设定为指定的值。如果指定值小于当前流的长度,则流将被截断。如果流不支持写操作和查找,或该方法在流关闭后被调用,将抛出异常。该方法的声明如下:

```
public override void SetLength(long value)
```

(7) Write 方法:把指定字节数组的内容写入指定的输出流,根据写入的字节数推进流的位置。参数 offset 是缓冲区中开始进行拷贝到缓冲流的位置。参数 count 是被写入到流的字节数。如果 array 是一个空引用,或者参数 offset 或 count 超出了范围,或者该方法在流关闭后被调用,或者流不支持写操作,将抛出异常。该方法的声明如下:

```
public override void Write(byte[ ] array, int offset, int count)
```

(8) WriteByte 方法:把指定的字节写入缓冲流的当前位置,并把流的位置推进一个字节。如果 value 是一个空引用,或者方法在流关闭后被调用,将抛出异常,该方法的声明如下:

```
public override void WriteByte(byte value)
```

FileStream 类的常用构造函数的定义如下:

```
public FileStream (string path, FileMode mode)
```

或

```
public FileStream (string path, FileMode mode, FileAccess access)
```

通常,我们不直接构建 FileStream 对象,而是直接由文件的打开操作生成 FileStream 实例。

下面的例子展示了对文本文件的读写操作。

【例 11-2】 读写文本文件。

```
//11-2.cs
public static void Main(string[] args)
{
    WriteFile();
    ReadFile();

    Console.Read ();
}
static void WriteFile()
{
    //写文件前先判断路径是否存在,若不存在,则创建
```

```
    if (!Directory.Exists("temp"))
        Directory.CreateDirectory("temp");
    //写文件前先创建文件,如果文件已经存在,则该文件会被覆盖
    FileStream fs = File.Create(@"temp\MyFile.txt");
    while (true)
    {
        Console.WriteLine("请输入要写入文件的内容,输入 n(或 N)停止输入。");
        string input = Console.ReadLine();
        if (input == "n" || input == "N")
            break;
        //将输入的内容转换为字节
        byte[] bytes = Encoding.UTF8.GetBytes(input + "\n");
        fs.Write(bytes, 0, bytes.Length);
    }
    fs.Close();
    fs.Dispose();
    Console.WriteLine("文件写入完毕。\n");
}
static void ReadFile()
{
    //读文件前先判断文件是否存在
    if (!File.Exists(@"temp\MyFile.txt"))
    {
        Console.WriteLine(@"temp\MyFile.txt 不存在。");
        return;
    }
    Console.WriteLine("ReadAllText 函数读取文件,把整个文件读取到一个字符串中");
    string output = File.ReadAllText(@"temp\MyFile.txt");
    Console.WriteLine(output);
    Console.WriteLine("ReadAllLines 函数读取文件,逐行读取文件,便于使用循环逐行处理");
    string[] lines = File.ReadAllLines(@"temp\MyFile.txt");
    output = "";
    //逐行读取后,利用循环逐行对内容进行处理,此处仅做了一个简单字符串连接
    for (int i = 0; i < lines.Length; i++)
        output += lines[i] + " * * * ";
    Console.WriteLine(output);

    Console.WriteLine("\nReadAllBytes 函数读取文件,把文件读取成字节数组");
    byte[] bytes = File.ReadAllBytes(@"temp\MyFile.txt");
    //字节数组转换为字符串
    output = Encoding.UTF8.GetString(bytes);
    Console.WriteLine(output);

    //用 Open 方式打开的文件可以直接进行读写
```

```
    //下面这条语句用"FileMode.Open"模式构建了一个"FileAccess.ReadWrite"的文件流
    //FileStream fs = File.Open(@"temp\MyFile.txt", FileMode.Open, FileAccess.ReadWrite);

    Console.WriteLine("文件读取完毕。");
}
```

例 11-2 的运行结果如图 11-3 所示。

图 11-3   例 11-2 的运行结果

3. BufferedStream 类

BufferedStream 类能够实现流的缓存,它是在内存中缓存数据而不是实时 I/O 而给系统带来负担,必须和其他流(如 FileStream)一起使用。BufferedStream 类可以对缓存中的数据进行写入或读取,这对提升流的性能有一定的帮助,但是读取或写入无法同时进行。缓冲区默认的大小是 4k 字节,能够根据需求自动增长,很多属性都与基础流一致。最好是在操作大文件的情况下,分块读,分块写。BufferedStream 类的构造函数的定义如下:

```
public BufferedStream (Stream stream)
```

或

```
public BufferedStream (Stream stream, int bufferSize)
```

从构造函数可以看出,BufferedStream 对象必须基于底层流构建。缓冲区默认的大小为 4 096 字节,我们也可以另外指定自己需要的缓冲区的大小,但指定的数值必须大于 0。

【例 11-3】 读写文本文件。

```
public static void Main(string[] args)
{
    FileStream fs = new FileStream(@"temp\MyFile.txt", FileMode.Open, FileAccess.ReadWrite);
    //基于 FileStream 实例创建缓冲流
    BufferedStream bs = new BufferedStream(fs);
    //可读性由基础流决定,FileAccess.Read 时为 true,FileAccess.Write 时为 false
    Console.WriteLine("缓冲流读写性");
    Console.WriteLine("缓冲流可读性:{0},可写性:{1}", bs.CanRead, bs.CanWrite);
    //查看是否支持查找
```

```
        Console.WriteLine("基础流可查找性:{0},缓冲流可查找性:{1}", fs.CanSeek, bs.CanSeek);
        Console.WriteLine("基础流长度:{0},缓冲流长度:{1}", fs.Length, bs.Length);
        Console.WriteLine("基础流输入点位置:{0},缓冲流输入点位置:{1}", fs.Position, bs.Position);

        //读取缓冲流
        byte[] bytes = new byte[bs.Length];
        bs.Read(bytes, 0, (int)bs.Length);
        Console.WriteLine("显示缓冲流内容");
        Console.WriteLine(Encoding.UTF8.GetString(bytes));

        //将读写指针移到距流开头2个字节的位置
        bs.Seek(2, SeekOrigin.Begin);
        Console.WriteLine("调用 seek 后缓冲流输入点位置:{0}", bs.Position);

        //写入缓冲流
        bytes = Encoding.UTF8.GetBytes("课程\n");
        bs.Write(bytes, 0, bytes.Length);
        Console.WriteLine("写入内容后缓冲流输入点位置:{0}", bs.Position);
        bs.Seek(0, SeekOrigin.Begin);
        bytes = new byte[bs.Length];
        bs.Read(bytes, 0, (int)bs.Length);
        Console.WriteLine("再次显示缓冲流");
        Console.WriteLine(Encoding.UTF8.GetString(bytes));
        //清除缓冲写入文件
        bs.Flush();

        Console.Read();
}
```

例 11-3 的运行结果如图 11-4 所示。

图 11-4   例 11-3 的运行结果

从结果可以看到，写入的内容从 seek 后的位置开始，并覆盖之后的内容。调用 flush 函数后，将缓冲流中的内容写入磁盘。

4. MemoryStream 类

MemoryStream 类用于向内存（而不是磁盘）读写数据。MemoryStream 以无符号字节数组的形式存储数据，该数组在创建 MemoryStream 对象时被初始化，或者创建为空数组。系统可在内存中直接访问 MemoryStream 对象中的数据，承担其他流数据交换时的中间工作。内存流可降低应用程序对临时缓冲区和临时文件的需要，在很多场合，我们必须使用它来提高性能。

【例 11-4】 内存流数据交换。

```
static void Main()
{
    //内存流实例的构建不依赖于其他流
    MemoryStream memo = new MemoryStream(5);
    Console.WriteLine("写入数据前内存流长度:{0}，缓冲区大小:{1}，读写点位置:{2}", memo.Length,
    memo.Capacity, memo.Position);

    Console.WriteLine("输入要写入文件的内容");
    string str = Console.ReadLine();
    byte[] bytes = Encoding.UTF8.GetBytes(str);
    //向内存流中写入字节数组的所有内容
    memo.Write(bytes, 0, bytes.Length);
    Console.WriteLine("写入数据后的内存流长度:{0}，缓冲区大小:{1}，读写点位置:{2}", memo.Length,
    memo.Capacity, memo.Position);
    Console.WriteLine("输入插入数据的位置(0～{0}):", memo.Length-1);
    str = Console.ReadLine();
    memo.Position = Convert.ToInt32(str);
    Console.WriteLine("输入要插入的数据");
    str = Console.ReadLine();
    bytes = Encoding.UTF8.GetBytes(str);
    //向内存流中写入字节数组的所有内容
    memo.Write(bytes, 0, bytes.Length);
    Console.WriteLine("插入数据后的内存流长度:{0}，缓冲区大小:{1}，读写点位置:{2}", memo.Length,
    memo.Capacity, memo.Position);
    Console.WriteLine("插入后的结果:");
    bytes = new byte[memo.Length];
    //设置读写点位置
    memo.Position = 0;
    memo.Read(bytes, 0, (int)memo.Length);
    Console.WriteLine(Encoding.UTF8.GetString(bytes));
    Console.WriteLine("将内存结果通过文件流写入文件");
    //将内存流数据写入文件流
    //创建只写文件流
    FileStream fs = new FileStream(@"temp\MyFile1.txt", FileMode.OpenOrCreate, FileAccess.Write);
```

```
        memo.WriteTo(fs);
        //文件流保存数据
        fs.Flush();
        fs.Close();
        fs.Dispose();
        memo.Close();
        memo.Dispose();

        Console.Read();
    }
```

例11-4 的运行结果如图 11-5 所示。

图 11-5　例 11-4 的运行结果

从例 11-4 可以看出，对文件及其内容进行的操作都没有通过文件流来执行，而是完全在 MemoryStream 对象中完成的。MemoryStream 对象的构建也不需要依赖任何基础流，系统在数据操作结束后才将数据写入 FileStream 对象，通过 FileStream 对象来保存文件。同理，也可以使用 MemoryStream 类来读取各种类型的基础流数据，处理完毕后再写回基础流。

习　题　11

一、选择题

1. 记载 FileInfo 类的实例对象的最近被修改时间的属性是（　　）。

A. LastAccessTime　　　　　　　　　　B. LastAccessTimeUtc

C. LastWriteTime　　　　　　　　　　　D. LastWriteTimeUtc

2. Directory 类可以用（　　）方法获取指定目录下所有符合检索条件的文件。

A. GetAccessControl()　　　　　　　　B. GetDirectoryRoot()

C. GetDirectories()　　　　　　　　　　D. GetFileSystemEntries()

3. FileStream 类用于处理文件输入输出操作中的（　　）。

A. 字节流　　　　　　B. 字符流　　　　　　C. 二进制流　　　　　　D. 数值流

4. 使用 StreamReader 对象的（　　）方法，可以一次性读取指定文件的全部内容。

A. Read()　　　　　B. ReadBlock()　　　　C. ReadLine()　　　　D. ReadToEnd()

5. 调用 BinaryWriter 对象的（　　），不能将写缓冲区中的数据写入目标文件。

A. Close()　　　　B. Flush()　　　　C. Seek()　　　　D. Write()

6. 通过 FileStream 对象创建新的文件,如果选择 FileMode 为(　　),则在指定的文件名已存在时将其覆盖。

A. Truncate　　　　B. Open　　　　C. CreateNew　　　　D. Create

7. 判断由一个 FileStream 对象所代表的字节流是否支持查找操作,可依据的属性是(　　)。

A. CanRead　　　　B. CanSeek　　　　C. CanTimeout　　　　D. CanWrite

8. 下列有关 FileStream 对象的文件访问模式 FileAccess 的说法,错误的是(　　)。

A. Read　　　　B. ReadWrite　　　　C. Delete　　　　D. Write

二、简答题

1. 例 11-2 展示了使用静态类 File 对文件进行读写操作,尝试使用 FileInfo 类完成同样的操作,并测试示例代码中没有覆盖的其他字符流函数。

2. 编写控制台应用程序,打开名为"a. txt"的文本文件,清除正文中除汉字、阿拉伯数字和中文标点符号以外的字符,然后将其以文件名"b. txt"进行保存。

参考文献

[1]　江红,余青松.C♯程序设计教程[M].3 版.北京:清华大学出版社,2018.

[2]　刘甫迎.C♯程序设计教程[M].5 版.北京:电子工业出版社,2019.

[3]　郑阿奇.C♯实用教程[M].2 版.北京:电子工业出版社,2013.

[4]　刘瑞新.面向对象程序设计教程(C♯版)[M].北京:机械工业出版社,2018.

[5]　陈佳雯.C♯程序设计教程[M].北京:清华大学出版社,2022.

[6]　明日科技.C♯从入门到精通[M].6 版.北京:清华大学出版社,2021.

[7]　黑马程序员.C♯程序设计基础入门教程[M].2 版.北京:人民邮电出版社,2020.